站在巨人的肩上
Standing on the Shoulders of Giants

站在巨人的肩上
Standing on the Shoulders of Giants

TURING 图灵新知

赖以威 | 著

NIN | 绘

超展开
数学约会

人民邮电出版社

北京

图书在版编目（ＣＩＰ）数据

超展开数学约会 / 赖以威著；NIN绘. -- 北京：
人民邮电出版社，2022.3
（图灵新知）
ISBN 978-7-115-56339-2

Ⅰ．①超… Ⅱ．①赖… ②N… Ⅲ．①数学－普及读物
Ⅳ．①O1-49

中国版本图书馆CIP数据核字(2021)第069071号

内 容 提 要

  本书是《超展开数学教室》的续篇，曾经"厌恶""害怕"数学，或"不知道学数学有什么用"的学生们步入了大学校园或走向了社会。随着一步步成长，他们发现自己的生活仍然与数学息息相关。本书的每一篇仍以一则漫画故事为发端，结合角色们的大学校园生活经历和社会体验，伴随年轻人的学习、就业、爱情等生活元素，以小说形式带领读者发现更多、更有趣的数学知识；让看似冰冷无趣的数学知识，再次点燃读者的好奇心。

  本书适合对数学和算法感兴趣的大众读者阅读。

◆ 著　　　　赖以威
 绘　　　　NIN
 责任编辑　戴　童
 责任印制　周昇亮

◆ 人民邮电出版社出版发行　　北京市丰台区成寿寺路11号
 邮编　100164　电子邮件　315@ptpress.com.cn
 网址　https://www.ptpress.com.cn
 北京鑫丰华彩印有限公司印刷

◆ 开本：880×1230　1/32
 印张：7.875　　　　　　　　2022年3月第1版
 字数：205千字　　　　　　　2022年3月北京第1次印刷
 著作权合同登记号　图字：01-2020-4811号

定价：69.80元
读者服务热线：(010)84084456-6009　印装质量热线：(010)81055316
反盗版热线：(010)81055315
广告经营许可证：京东市监广登字 20170147 号

版权声明

目录

第四部　原来你也是……

终曲　那些后来的事

外传

人物介绍

孝和

超展开数学教室学生，就读台湾大学电机系大二，数学天才，被世杰称为相对于文青的数（学）青（年）。

小昭

台湾师范大学大一新生，欣妤的大学同学，个性温和，热爱数学的谜样美少女。

赖皮

与地铁有紧密关系的谜样人物。

世杰

孝和的大学同学，表面上是数理高才生，实际上痛恨数学，直到遇见小昭才开始"假装"喜欢数学。

云方

超展开数学教室老师，上课喜欢闲聊，但闲聊又总跟数学脱不了关系。详细请见《超展开数学教室》。

积木

超展开数学教室学生，大企业集团第二代，目前在国外念书。

欣妤

超展开数学教室学生，人生目标是"永远跟积木在一起"，休学一年后成为小昭的同学。

商商

超展开数学教室学生，个性内向，喜欢历史。

阿叉

超展开数学教室学生，台湾师范大学电机系大二，平均每周被告白1.3次，对商商非常专情。

第一部

数学·早餐店·
梦中情人

01

等腰直角三明治

"喜欢上爱喝咖啡的女孩,你就会喜欢咖啡,
开始理解深焙跟浅焙的差异。
喜欢上看文艺片的女孩,你就会喜欢文艺片,
开始接触那些不讲英文、中间常常定格一分钟以上的影展电影。
因为她,我从此刻开始喜欢数学。
再说,倘若数学有知,有人愿意喜欢它,它就该偷笑了吧。"

"你翘掉系上必修课，跑去上师大的通识课？"

"命里注定啊！"

上次这么开心是什么时候？去年考上台大①电机系？当时挺开心的，不过跟现在比还是差远了，就像……

"就像普通辣椒跟特立尼达蝎子布奇 T 辣椒的差别？"

"嘎？"

"前者的辣度只有 1 万左右，而后者的将近 150 万。这么大的差距，所以应用对数（log）来衡量……"

指对数吗？……孝和的声音在我耳中逐渐变弱。数学是个神奇的话题，任何人一提到它，你都会觉得对方的声音越来越像背景音乐，越来越听不清楚。高中数学老师是这样，孝和也是。他是我在系上认识的第一个朋友，也是现在的"死党"。缘分很奇妙，迎新会场上有一百多个同学，但往往讲第一句话的对象，就是跟你最合拍的人。

我大学第一年的生活基本上分成两种：跟孝和在一起，没跟孝和在一起。想想，前者的比例似乎还高一点儿。

虽然友情很棒，但对想交女朋友的青春男性来说，偶尔还是有些感叹。

※

大二开学第一周，像在惩罚大一日子过得太爽，系上必修课的负担顿时暴增。

今早有一门必修课，我跟孝和约好各自去听不同的老师讲课，再汇整信息，讨论要加签哪一位。理论上是这样啦。

---

① 本书中的"台大""师大"为台湾大学和台湾师范大学的简称。——编者注

"为什么你跑去师大了？"

"我在'可大可小'遇到她。"

"啊？谁？"

"可大可小"是学校附近的一家早餐店，生意很好，常常得两三个人并桌。

"我那时候边吃边预习工程数学讲义。"

孝和一脸不相信的表情，我不情愿地说："手机快没电，报纸又被拿走，我只好拿投影片打发时间。当我看到快睡着——"

"有到三分钟吗？"

我不理孝和的吐槽。

"一个清脆的声音说：'请问这边有人坐吗？'回头一看，梦中情人拿着三明治在跟我说话！"

"上次见学伴你也这样说。"

"是啦，但梦的等级完全不一样。"

"就像普通辣椒跟特立尼达蝎子布奇 T 辣椒的差别？"

"不要再用辣椒的比喻了！我知道啦，出自你跟你老师的书对吧？当年还在排行榜上对吧？很厉害啦。"

孝和露出得意的微笑。

孝和是心算比按计算器还快的数学天才，他在高中时遇到一位很特别的数学老师，师生相处的过程还被改写成小说《超展开数学教室》。

我认识孝和之后才知道这件事，所以你不知道也没关系，相当正常。

这也是我跟孝和最大的差异。虽然我考上理科第一志愿，但我靠的是将近满分的语文和英语两科，我觉得语言有趣而且实用。数学刚好相反，既无趣又不实用。

以前我常把"想和朋友绝交的最好方法就是逼他算数学"（改编自"想和朋友绝交的最好方法就是借他钱"）挂在嘴边，因为孝和的关系，最近比较少说了。

我发自内心讨厌数学，有讨厌数学比赛的话，我一定可以得名次。偏偏这正是此刻的问题所在。

世杰的回忆

"请问这边有人坐吗？"

"没、没……！"

我察觉自己的声音微微颤抖。我曾以为与梦中情人相会的场景必定无比浪漫：在校园里散步，她抱着笔记本站在树下抬头凝视一朵花；在教室里上课，她手肘碰掉了笔记本，我弯腰帮她捡起来，告诉她里面有一句抄错了；在咖啡厅里，她错拿起吧台上刚做好的咖啡，意外发现我们点了同一款"杏仁糖浆按三下的大杯热拿铁"……

都不是。

原来不需要任何场景的烘托，梦中情人一出现，就算是弥漫油烟味的并桌早餐店，也变得无比浪漫。

梦中情人正把玩着手中的三明治。

我不懂。"三明治有什么好看的吗？"

糟糕！我惊讶自己的内心疑问竟然不小心脱口而出。她看了我几秒，在思考要报警还是把三明治砸到我脸上。

"它为什么不做成等腰直角三角形，而是这种不干不脆的直角三角形呢？"

这又是什么状况？！"等腰直角三角形"七个字史上头一遭出现在早餐店。

莫非她听过我的名言"想和朋友绝交的最好方法就是逼他学数学"？

但我们还不是朋友，有必要这么急着跟我绝交吗？！

无数个疑惑在脑海里热热闹闹举办起祭典。

"我也不是特别喜欢等腰直角三角形，只是觉得，如果能用一个常见的直角三角形，例如边长（3，4，5）的三角形，那不是很棒吗？会让人有种他乡遇故知的感觉。"

没有一个直角三角形是"常见"的好吗？！

尽管吐槽的台词在脑海中像是弹幕一样不断跑出来，但我体会到一件事实：话是谁说的很重要。

要是其他人讲出这句话，我一定换桌走人。倘若哪一家早餐店推出"（3，4，5）培根蛋吐司"，我一定把它列为拒绝往来户，打电话给税务局检举它逃税。

但因为是她，我一点儿都不觉得称直角三角形为"故知"有什么奇怪的。

Hello Kitty 这种没嘴巴的猫都有广大粉丝了，为什么不能有人喜欢直角三角形？

"嗯，比起边长（3，4，5），我比较喜欢（30，60，90）度的三角形，角度是等差数列，边长又有无理数，给人一种华丽的感觉。"

我听见自己的声音说出一串莫名其妙的话。她露出的开心表情，让我觉得这辈子都语言功能失调也没关系。

"然后你就跟她去师大上"小说与电影中的数学思维"这门通识课了？"

孝和的话把我从粉红色的早餐店回忆里拉回现实。

"身为喜欢（30, 60, 90）度华丽直角三角形的我，知道有一门以数学为主题的通识课也是合情合理的。"

孝和没接话。我摇摇手上的可乐，冰块发出清脆的撞击声。

"她叫作班昭，是师大大一新生，读的是公民教育与活动领导系。我们交换了联系方式，你看超可爱的吧——"

我把手机屏幕塞到孝和眼前，他问：

"文科女生喜欢数学？"

"不行吗？'数青'还要限制他人喜欢数学，得数学好才能喜欢吗？"

'数青'是"数学青年"的简称，是我发明专用在孝和身上的。

"也是，而且说不定她念文科，但数学很好。"

"她的指定科目考试数学 53 分。"

"最接近 60 分的质数。"

我盯着孝和不说话。

"我脸上有什么吗？"

"快教我，我需要这种莫名其妙讲到数学的能力。"

我双手高举过头合十。

"她现在误会我也是'数青'，所以我们之间有那种，嗯，两只濒临绝种的动物在非洲草原上好不容易相遇的感觉。而且啊……"

我的音量逐渐变小。

"她觉得我数学很好。"

"嘎？"孝和发出奇怪的声响。

"她知道我是第一志愿，而且我提了上次你说的 BMI'豆知识'[①]。"

五关前的烧肉店

BMI（body mass index），身体质量指数，用来衡量一个人是否过胖或过瘦，计算方式为 BMI = 体重 (kg)/ 身高 ^{2}(m^2)。

塞进最后一块肉，我说：

"我 BMI 越来越高了。"

"没关系，你个子高，距离'真正'的 BMI 超标其实比你想的还要远。"

孝和摸摸肚子。

"BMI 之父统计学家凯特勒在著作《关于人及其能力发展的论文》（*A Treatise on Man and the Development of His Faculties*）里提到：'倘若人在 x、y、z 轴的生长幅度都相等，他的体重与身高的 3 次方成正比。'"

"惹是什么亦使？"

我塞了一块猪五花到嘴里。

"BMI 有点像身体的'密度'，是质量与体积的比值。但人毕竟不是正立方体，所以凯特勒又补充：'在可接受范围内，我们假设体重的 2 次方除以身高的 5 次方为定值。'整理成数学公式是'体重 ^{2}(kg^2)/ 身高 ^{5}(m^5)= 定值'，等于'体重 (kg)/ 身高 $^{2.5}$(m$^{2.5}$)= 定值'。"

"所以 BMI 的原始定义是体重除以身高的 2.5 次方才对。"

---

① 指生活中不引人注意、可有可无的小知识。——编者注

"为什么后来变成 2 次方？"

"牛津大学数学系教授尼克·特雷费森（Nick Trefethen）认为，发明 BMI 的年代(1842 年)计算 2.5 次方不容易。为了推广 BMI 指标，才改成比较好算的 2 次方。为了便利而丧失精确度，这在数学计算中相当常见。"

"烧肉配次方，真是绝佳的作料！老板可以结账了。"

"我讲出这段，她超级钦佩我的！"

孝和冷冷地回答："你当时只有'BMI 跟 IBM 是 3B 哎'（注：宾果游戏术语，猜对字母但猜错位置称为 B，同时猜对字母与位置称为 A）这种回答。你不擅长也不喜欢数学，这是诈骗。"

"喜欢上爱喝咖啡的女孩，你就会喜欢咖啡，开始理解深焙跟浅焙的差异；喜欢上看文艺片的女孩，你就会喜欢文艺片，开始接触那些不讲英文、中间常常会定格某个场景一分钟以上的影展电影。"我义正词严地反驳，接着用宣布重大事情的语气总结："因为她，我从此刻开始喜欢数学。再说，倘若数学有知，有人愿意喜欢它，它就该偷笑了吧。"

"这话一听就不是喜欢数学的人会说的。"

"以后不说了。"

我闭紧嘴巴，催眠自己爱上数学。

02

非线性的减肥成效

"你不可能前一秒讨厌数学，后一秒就觉得有趣。
如果有这种灵丹妙药，所有的数学老师都得救了。"
数学老师是全天下最辛苦的业务员，
每天要跟上百人推销他们觉得自己一辈子也用不到的东西。
"数学老师最难的不是教证明，是教大家喜欢数学。
要让学生意识到，数学不是独立在生活之外，
而是和生活互为表里，就像光与影。"

吃完中餐，我和世杰转移阵地到"雪克屋"咖啡厅。

比起教室，大学生更容易出现在咖啡厅。刚上大一时我不懂为什么学长们连念书也要约去咖啡厅。世杰故作老成说："补偿心态。念书无聊，只好花钱请自己喝一杯咖啡，'看在都请我喝咖啡的份儿上，就好好念一下吧'。"

"念书又不一定无聊。"

世杰望向我手中的微积分课本，重重叹了一口气。

"她现在在干吗呢？"

"正在读那本有名的数学小说《博士的爱情算式》吧。"

从新生训练的第一天，我跟世杰就很要好。他想到什么就说什么，心里的城府只有纳米等级。或许是互补的关系，我喜欢跟这种个性的人来往。

"比起乔装成喜欢数学，依你能耍的心机程度，我看还是直接喜欢上数学比较简单。"

"我是打算这样啊，如果在真爱面前都得假装，那样的人生太悲哀了。"

"你在说出'（30, 60, 90）度的华丽直角三角形'时有觉得悲哀吗？"

"那是迫不得已的。"

世杰翻了个白眼，敲敲桌子说：

"快教我啦，以微积分为例，你为什么觉得微积分有趣？"

好问题，我思考着：数学有与生俱来的美感、不证自明的定理、严谨得宛如咬合紧密的齿轮的逻辑性；它同样有与生俱来的趣味，所以数独才会风靡全球。

只是，对讨厌数学的人说这些都没用，就像对讨厌榴梿的人说"榴梿真的很香啊"一样，只会更拉开双方的距离。

"一次微分是什么？"我问世杰。

"斜率。"

"'斜率'还是一个数学名词啊，你能不能换一种说法？"

我伸手阻止世杰在餐巾纸上画完他的曲线和切线。问 100 个人这个问题会得到 95 个一样的答案，人们习惯用数学来解释数学，仿佛数学是一座与世隔绝的孤岛，里面的生物都是特有种，跟现实世界完全不同。

"呃……"

世杰发出吃坏肚子的声音，我决定给他一点儿时间，看他能"拉"出什么。

"咖啡都凉了还没想出来吗？"

"比解微分还难。"

我喝了口咖啡，让香气在嘴里扩散，讲出准备好的答案：

"你的咖啡从一上来很烫，到现在变凉了。这个变化的过程是——"

"牛顿冷却定律，这跟微分……噢，对哎。"

毕竟是第一志愿的学生，世杰很快想到大一普通物理中讲到的牛顿冷却定律：物体温度的变化，和它此刻与周遭环境的"温度差"成正比。

"假设现在咖啡的温度是 C，周遭环境的温度是 s，冷却定律告诉我们……"

我把世杰的餐巾纸拿过来，写下

$$\frac{dc}{dt} = k(c-s)$$

"等号右边是咖啡和周遭环境的温度差，乘上固定常数 k。等号左边的一次微分就是？"

"咖啡温度的变化。"

我点点头。

"所以斜率是'变化'的意思。热咖啡变凉的过程可以用斜率来描述，斜率越大，凉得越快，斜率越小，凉得比较慢。"

世杰看看咖啡，又看看我。

"所以咧？我不懂有趣的点在哪里。"

"表示微分是世界上的某个现象，不仅仅是'斜率''过曲线上某点的切线'这种抽象概念。"

"我有说牛顿冷却定律。"世杰反驳。

"但你没想到眼前的咖啡正在进行一场牛顿冷却定律实验。我的意思是，你不可能前一秒讨厌数学，后一秒就觉得有趣。如果有这种灵丹妙药，全天下的数学老师都得救了。"

"我只听过'不用上数学课，得救了'，倒没听过数学老师也需要人救。"

从某个角度来说，数学老师是全天下最辛苦的业务员，每天要跟上百人推销他们觉得自己一辈子也用不到的东西。

"数学老师最难的不是教证明，是教大家喜欢数学。"

我想起唯一例外的一位：我的辅导班数学老师云方，从第一堂课起他就没教什么数学定理，却从此改变了我们对数学的心态，喜欢上数学。

关键在于他讲出数学跟生活中的连接。

"你要先意识到，数学不是独立在生活之外，而是和生活互为表里，就像光与影。"

"这是抄日本漫画《圣堂教父》的台词吧。嗯，至少我下次和班昭喝咖啡时，可以告诉她牛顿冷却定律，还把公式默写出来，她一定会觉得我很棒。"

世杰拿出手机拍下我刚写的公式。

"前提是你要能约到她喝咖啡。"

我的话像液态氮，让世杰急速冷冻。

"我得先想办法让她觉得我有趣，才能约她去喝咖啡；但我得喝咖啡，才有机会讲出牛顿冷却定律。为什么变成了鸡生蛋，蛋生鸡！"

"鸡生蛋，蛋生鸡是在讲已经发生的事情，逻辑上是'我先让她觉得有趣，才去喝咖啡'；还是'我们先去喝咖啡，她才觉得我有趣'？你这边是什么都还没发生吧。"

"不要再用逻辑攻打我了，你快想一个有趣的梗吧，这杯我请。"

世杰还真的拿了账单走到柜台。

等他回到座位上，我说："既然微分描述的是'变化'，你也不一定要讲咖啡冷却，任何事物的变化都可以，比方说你可以延续上次的减肥话题。坊间有很多减肥方法，什么快走几小时啊，少吃几餐啊，这些策略大多建立在'减少 1 千克的脂肪需要消耗 7700 卡路里的热量'这个原则上。像运动是直接消耗热量，少吃则是减少热量摄取。对吧？"

世杰点点头。

"所以啰，假如你遵守某个减重策略，一周快走 5 小时，消耗7700 卡路里的话……"

"一周就能瘦 1 千克，第二周瘦 2 千克。"

"一个月呢？"

"4 ～ 5 千克。"

"10 周呢？"

"10 千克。"

"一年呢？"

"5……"

世杰也发现奇怪之处了。

"不可能嘛，一年瘦 52 千克，两年就瘦 104 千克了。这些减重策略的盲点是假设固定的'变化'，也就是一次微分为定值。"

世杰立刻接道："线性斜率。"

"朽木可雕也。"

世杰不理我的吐槽，继续说："我表姐减肥每次都是一开始有用，到后来都变成只是说说。"

我十分同情那不在场却被举例的表姐。

"她可能也不是说说。因为一个人在减肥的过程中，体重和代谢的速度都会改变，他的热量摄取基准点逐渐降低。一段时间后，如果想持续减重，就得依据新的体质设计出更高标准的饮食习惯与运动方式。下降变化随着时间逐渐变小，这样的方程式是什么？"

世杰伸出食指，在空中画了条曲线。

"一次微分从负数逐渐趋近于 0，这是开口向上（凸函数），二次微分大于 0。"

"二次微分可以看成一次微分的'变化'，所以当一次微分从负数逐渐变成零，越变越大，二次微分自然大于 0。"

"以前背是背过，倒是没这样想……"世杰喃喃自语。

"回过头来，你表姐就算贯彻减肥策略，效用也会越来越小。要维持固定变少的体重，就得用越来越强的减重策略。"

"'线性变化'之谜不仅发生在减重上，还有其他方面。例如政府会公布一些统计数据，像'少子化'，然后推论几十年后会多惨。事实上不会那么惨，那只是做了线性假设的结果。"

我每次看到这类报道都觉得很荒谬。但没办法，线性最容易理解，很多时候人们的选择标准是"好用"而非"正确"。

"'变化'不一定是线性，未来也可能像刚刚讲的开口向上，下降的幅度越来越趋缓。"

"也可能是相反的开口向下（凹函数），下降的幅度越来越陡峭。所以为了生育率着想，我要努力爱上数学，再让班昭爱上我！"

"跟女生聊减肥好吗？"世杰激动地握拳，然后像忽然想起什么似地问我。

"她胖吗？"

"不会，但也不是'纸片人'。"

"那就好，表示她不太在意体重，应该没关系。"

事实上也可能是在意体重但无法减肥成功，这是概率的问题，我想。

只是再跟世杰谈起概率，应该超过他的负荷了吧。

03

神明 Say No 的
概率是 $\frac{1}{3}$

"我在想一个跟咖啡有关的数学问题。"

"怎样的数学呢？"

70 岁生日的那天，

我们一起来计算从相识到现在总共喝了多少杯咖啡好吗？

以一周 2 杯来估计，一年有 52 周，

现在到 70 岁还有 51 年，一共是 5304 杯咖啡。

"你怎么不说话了呢？"

我得停止妄想，专注在眼前跟小昭的互动。

今天上午，我继续去班昭的学校旁听名为"我也超级有兴趣"的数学通识课。我创下自己上大学的三个纪录：第一次提前到、第一次坐那么前面（还用书包占了一个不可能会有人也想坐的前排座位）、第一次课前预习。

我把讲义放在桌上，盯着前后门，十几分钟后，班昭出现了。

那一瞬间我先低头，抬头，再和她挥手，营造出念书念到一半在思考，不经意地看到她的样子。不枉费我昨天晚上对镜子练习了好几次，我相信这一切看起来相当自然。

班昭边挥手边走过来了！

我对昨晚努力练习的我深表感谢！

"你原来已经在教室了。我刚去吃早餐时还在想会不会遇到你。"

"遇……遇到我吗？你、你说你想象会遇到我吗？！"

"哈，你干吗装得那么夸张，好好笑噢。"

班昭的笑声让我冷静，只差一秒我就要告白了。

"你叫我小昭吧，我朋友都这样叫的。"

从班昭到小昭花了一周，从小昭到亲爱的小昭不知道要多久，再从亲爱的小昭变成老婆，变成孩子的娘……

"怎么了吗？"

"没事，我在想一个跟咖啡有关的数学问题。"

"怎样的数学呢？"

70岁生日的那天，我们一起来计算从相识到现在总共喝了多少杯咖啡好吗？以一周2杯来估计，一年有52周，现在到70岁还有51年，一共是5304杯咖啡。

"嗯？"

我得停止妄想，专注在眼前跟小昭的互动，不然我迟早会被她当成一个动不动放空，大二就得阿尔茨海默病的可怜人。如果哪一天我得了阿尔茨海默病，你会照顾我吗？

够了！我拍了桌子，旁边趴在桌上睡觉的家伙被我吓醒。

"假如早上你泡了一杯热咖啡，冰箱里还有一杯冰牛奶，你想在10分钟后喝杯凉一点儿的咖啡。你有两个选择，先把冰牛奶倒进咖啡里，静置10分钟。或先放10分钟后，再倒冰牛奶。你会选哪一个？"

"我会选第二个，感觉比较冰。这跟数学有关吗？"

"有噢，温度是可以算出来的。"

我拿出笔，打算趁硬塞进脑海里的数学公式还没消失前，将它们转印到纸上。

"小昭，你干吗坐那么前面啊？"

我转头一看，一位染了金发、打扮时尚的女生往我们这边看。

"欣好学姐！不好意思，下课你再解释给我听好吗？"

小昭起身，往金发女那走去。

"就说不要叫我学姐了。他谁啊……"

"金发女"的声音断断续续传过来，我转身面向黑板，才刚要进入主题就被打断，我诅咒"金发女"下回染发失败。这时，忽然有人拍了我一下。

"对了，我们好像还没有加 LINE^① 哎。"

※

"晚安，吃饱了吗？"

---

① 一款社交通信软件。——编者注

第 100 次点开小昭的 LINE 图像后，我终于在晚上 8 点 13 分发信息给小昭。对女大学生来说，这通常是介于刚吃饱和看日剧之间的空档，回信息的概率最高。

已读。

虽然下午在咖啡厅的表现不错，但那是幸运之神眷顾，不知道有没有被小昭发现。我第一次听见自己的心跳如此剧烈，耳膜都有点儿疼了。我担心如果她不快回我，我的耳膜恐怕就会被心跳震破。

"晚安，吃饱了，你呢？"

"我也吃饱了，刚跟朋友在学校附近吃。现在……"

我边准备打出"现在正在看一本有趣的数学书"，边瞥了一眼放在旁边的《超展开数学教室》，我跟孝和借来看，里面还有他自恋的签名。

"这不是签名，这是所有人的意思，就像拿到课本会写自己名字一样。"

他难得讲话结巴。按照我的剧本，等等小昭会问："哪一本书啊？"我拍给她看，两人立刻从文字对话进展到多媒体影音时代。人类通信史从 2G 到 4G 这条路可是走了快 10 年，我们不到 10 分钟就完成。

"最近好想去庙里拜神（皱眉头）。"

我还没送出照片，小昭下一则信息抢先过来。话题仿佛甩尾过了一道发夹弯，被带到另一个方向。

她在探听我的信仰吗？我唯一的信仰就是你啊！

"怎么了吗？"

"这两周上课好吃力，有点担心跟不上进度……"

"这种感觉我懂。"

我根本不懂，我只觉得走进教室很吃力，所以很少走进去。

"我想去拜神，请神明保佑我不被当掉[①]。"

"你这么认真，神明一定会保佑你的（笑脸）。"

我不认真，神明不用保佑我课业没关系，但我谈恋爱很认真，请保佑我跟小昭修成正果。

"也是，神明人很好。去庙里拜神掷筊[②]，神明大部分会说'好'，只有 $\frac{1}{3}$ 的概率会说'不好'。"

为什么是 $\frac{1}{3}$？无数的问号像可乐里的气泡浮上来。

筊有凸平两面，每次丢两片：一凸一平是两种"圣筊"情况，表示神明说"好"；两平是"笑筊"，表示神明说"再问一次"，要重掷；两凸是"哭筊"，表示神明说"不好"。

4 种状况里有 1 种是哭筊，以概率来说不是 $\frac{1}{4}$ 吗？

手中传来震动，小昭仿佛看到我困惑的神情，她解释说：

"因为有圣筊、笑筊、哭筊三种状况，所以各自是 $\frac{1}{3}$，神明说不好的概率就是 $\frac{1}{3}$。"

是·这·样·吗？！

我从高中架构起的概率世界崩塌了（或许不曾存在过）。

"掷筊的时候，哭筊概率是 $\frac{1}{3}$ 吗？"我发信息问孝和。

"对，你数学还不错嘛，竟然没说 $\frac{1}{4}$。"

我揉揉眼睛，确定自己没眼花。

小昭的解释很明显有错，虽然有三种状况，可是每种状况的出现概率不一样。就像今天有一颗骰子，你把 1 点以外的其他五面都涂成 6 点，也不能因此说："因为只有两种状况，所以 1 点跟 6 点出

---

① 指考试不及格或没拿到学分。——编者注
② 掷筊，一种问卦方式。——编者注

现的概率各自是 $\frac{1}{2}$。"

但孝和说她是对的？！

我得先想清楚，我掰了个理由回应小昭。

"对啊，我手机快没电了，晚点回你噢（笑脸）。"

"再联络，拜拜！"

掷筊是无穷等比级数

我随便找一张纸计算。假设掷出凸面与平面的概率各是 50%，这 4 种可能各自是 25%，不是 $\frac{1}{3}$ 啊？

"可恶，没有答案可以看。"

我碎碎念了一句，想起"笑筊"要重掷。关键应该在这里？

我用最简单也是最麻烦的方法：用树形图表示掷筊过程。

一直掷出笑筊，树形图会无限延展下去，除非掷出哭筊或圣筊。

画到超出纸的范围，我停下来看，"第一次掷出哭筊"的概率是 $\frac{1}{4}$。同时也有 $\frac{1}{4}$ 的概率是笑筊，进入第二轮。

"第二轮掷出哭筊"的概率是 $\frac{1}{4} \times \frac{1}{4} = \frac{1}{16}$。

共计两轮内掷出哭筊的概率为 $\frac{1}{4} + \frac{1}{16} = \frac{5}{16}$。

第二轮再次掷出笑筊，得继续掷下去。所以"在第三轮掷出哭筊的概率"是

（前两轮都掷出笑筊的概率）×（第三轮掷出哭筊的概率）=（ $\frac{1}{4}$ × $\frac{1}{4}$ ）× $\frac{1}{4} = \frac{1}{64}$。

同样地，"在第四轮掷出哭筊的概率"是

（前三轮都掷出笑筊的概率）×（第三轮掷出哭筊的概率）=（ $\frac{1}{4}$ × $\frac{1}{4} \times \frac{1}{4}$ ）× $\frac{1}{4} = \frac{1}{256}$。

前 4 轮内掷出哭笅的概率就是 $\frac{1}{4} + \frac{1}{16} + \frac{1}{64} + \frac{1}{256}$，我按计算器得到结果：0.332，这已经很接近 $\frac{1}{3}$ 了！

我甩甩手腕仔细看，这几个数值有个规律：每次多 $\frac{1}{4}$。

这不是以前学的"无穷等比级数"吗？！首项 a_0 是 $\frac{1}{4}$（第一次掷出哭笅的概率），公比 r 是 $\frac{1}{4}$（掷出笑笅的概率），再利用高一上学期教的无穷等比级数和公式（一瞬间，我有种给自己上家教课的错觉）：无穷等比级数和 = 首项 /（1 - 公比）

掷出哭笅的最终概率（也就是第 1, 2, 3, …, N 次掷出哭笅概率的总和）为：

$$\frac{\frac{1}{4}}{1 - \frac{1}{4}} = \frac{1}{3}$$

真的是 $\frac{1}{3}$！

但完全不是小昭讲的原因！

我放下双手，感到一阵虚脱，看来小昭虽然喜欢数学，但数学不是很好。

两片笅比一片笅更公平

"没错，就是这样算的。"

孝和看完我拍给他的计算过程后，回了我这个信息。他又补上一句：

"现在正处于伪'数青'模式吗？"

"乱讲，这是我自己亲手算出来的。"

孝和丢了一个不知道从哪下载的意义不明图释，我猜意思应该接近"赞"。

"我的解释方法是：笑筊要重掷，可以看成没有这个结果。所以掷筊只有三种结果：两种是圣筊，一种是哭筊。哭筊的概率就是 $\frac{1}{3}$。"

竟然又绕回了"三种状况"的说法，但孝和的版本清楚简单正确。

"附赠你另一个话题：为什么筊要有两片？"孝和继续说，"我打给你。"

这也跟数学有关？

电话里孝和说道："你想想看，刚刚你假设每片筊出现凸面跟平面的概率各是 50%。但实际上各地制作的筊片规格不同，筊片用久了会变形。如果某座庙出现圣筊的概率比另一座庙高，这会很令人困扰吧。"

我点点头，才想起孝和看不到。

"对。"我赶紧回应。

"这就是两片筊的用意。假如两片筊凸面的概率都是 40%，只有一片筊的话，两面的误差高达 20%。可是两片一起掷，第一轮就出现圣筊的概率是 $2 \times 60\% \times 40\% = 48\%$，跟理想的 50% 只有 2% 的误差。用你刚刚的公式去看，出现哭筊的最终概率是

$$\frac{0.4 \times 0.4}{1 - 0.6 \times 0.6} = 25\%$$

和正常筊杯掷出哭筊的概率 $\frac{1}{3}$ 相比也只降低了约 8%。"

"哎，好神奇。"

　　我有点讶异自己竟然说出这种话。鲁迅在《狂人日记》里说，他在古书的字缝里看到满满的"吃人"两个字。对孝和来说，生活的缝隙里必然是满满的"数学"。托他的福，这是我第一次看见。

　　"我想一想，明天再来跟小昭讲。"

　　我打了一个大大的哈欠，听了那么多数学，今晚一定可以睡得很好。

行天宫里的统计学家

"一个区域有好几座庙,
其中有一两座刚好有比较多的信徒愿望都实现了。
信徒买了花篮来还愿,广为宣传。
其他人看到,以为这座庙好像比较灵验,消息传出去后——"
"更多人来?"
"没错。当更多人来,你来庙里会看到更多的花篮,人们会更多地口耳相传。
一座庙灵验的程度取决于(人数)×(实现愿望的概率)。
当人数增加,许愿看起来更灵验,庙的名声传得更远,
来的人会更多,人数再度增加,许愿更灵验,这样形成正反馈。"

"上次踏进庙里是多久以前了啊。"

我喃喃自语，跟在世杰后面。

"哎！不能踩门槛，要跨过去。"

我抬高膝盖跨过门槛。从刚刚起，世杰就不断告诫我各种规矩，要从右边进来，右边是龙，左边是虎。

"要跃龙门，出虎口。"

"为了跟小昭约会准备的？"

世杰露出被赞美的笑容，把我的吐槽当作肯定。我们在行天宫现场勘查，过几天世杰要跟小昭来。他要我先陪他来看看庙里有哪些数学话题。

几年前，行天宫取消了点香拜神的仪式，这里跟印象中庙里烟雾缭绕的模样不一样。

跨过门槛就是完全不一样的世界，喧闹声被隔绝在门外，人们低头祈祷，拨弄签筒和笅杯落地的声响仿佛也隔了层纱，声音轻了些。

"'数青'这么理性，也信这一套吗？"世杰问我。

"会啊，在中世纪，许多西方数学家同时也是神学家：帕斯卡、发明对数的奈皮尔……"

"'帕斯卡三角形'的帕斯卡？"

我先是点点头，但想了想还是忍不住补充："那不是他发明的，只是他在著作中提到，帕斯卡的名气大，人们就这样称呼。巧的是中国也有类似的状况，我们称为杨辉三角形，但发明者是贾宪——"

我以前没有这么爱聊数学，自从世杰为了追小昭，想知道更多数学知识，我这边才好像有个开关被打开了。

原来和他人分享知识这么有趣。

"帕斯卡还曾经用数学分析过信仰的必要性。"

"噢？"

世杰瞪大眼睛，他一定是想到"这个话题小昭一定有兴趣"。我们双手合十，跟着其他人一样，朝外向天空拜了三拜。

"所谓的'帕斯卡的赌注'是：

没信仰的人不会花时间祷告，如果没有神明，他就没赚没赔。但若是有神明，他会受到惩罚，失去非常多。所以期望值是负的。

"有信仰的人，每天付出一点儿时间祷告，虽然神明不一定存在，但只要有那么一点点可能，得到神明眷顾的幸运是无限大的反馈。付出不多，却能收到很大反馈。这证明了信仰的必要性。"

"证明了信仰的必要性。"

"干吗重复我的话？"

"因为这种最后强调的口气真棒，'证明'这个词听起来超有说服力。我要学起来。"

灵验的庙，不一定真的灵验

拜完天公，我们转身来到关圣帝君像前，世杰低头祈祷，口中喃喃有词。

"不要把关公当成月老来拜噢。"我提醒他。

世杰没理睬我，又祈祷了一两分钟。我注意到很多人在抽签，旁边还有义工提醒大家不要把签抽走，放在签桶里看是几号就好。非常正确，少了一根签的签筒，样本空间不同，会影响到抽签结果。

"行天宫非常灵验哎，难得来一次，当然要好好跟神明说清楚自己的愿望。我跟神明说，下次我会带一位女孩来，请神明保佑我们能够在一起，我会好好照顾她，让她远离数学的梦魇，不然我会恶补得很痛苦。"

说到灵验两个字，我脑海里闪过一件事，脱口而出。

"数学上还可以证明，灵验的庙不一定是真的灵验。"

一两位义工往我们这里看过来，我才意识到自己在庙里。

我和世杰走到一旁的座位。

"正确来说，是就算没神明，还是会有某几座庙被赋予灵验的名声。"

"我不懂，明明就是要比较灵验，才会有比其他庙更多的信徒。"

"一个区域同时盖了几座庙，其中有一两座庙刚好有比较多的信徒愿望都实现了，以概率来说很合理吧。"

世杰点头，我继续解释。

"这几位信徒买了大大的花篮来还愿，广为宣传。其他人看到了，以为这座庙好像真的比较灵验，消息传出去会怎样？"

"更多人来？"

"没错，关键就在这里。信徒人数 N，随机实现愿望的概率是 p，当更多人来，N 增加，$N \times p$ 增加，你来庙里会看到更多的花篮，人们会更多地口耳相传这座庙有多灵验。换句话说，一座庙灵验的程度取决于 $N \times p$，而非 p。所以，当 N 提高，$N \times p$ 增加。下一步又会——"

"庙的名声传播得更远，来的人会更多，N 再度增加，再度提升 $N \times p$。这会变成一个正向的反馈系统。"

世杰接着我的话，他看起来很兴奋，或许这些日子下来，他也更喜欢数学了吧。他继续说：

"加上许愿的人普遍在愿望无法实现时也不会抱怨不灵验，然而一旦愿望实现，他们就会满心欢喜地宣传。报喜不报忧的加持，会让庙的名声传递得更快。好神奇！我一定要跟小昭分享，她会觉得我超厉害的。"

我收回前面的话，这人满脑子只有追女生。

"去抽个签好了，这是我对庙里最感兴趣的东西。"

"签桶在另一边，你要去哪里啊？"

世杰从后面追上我，我没拿签，直接走到放签诗的柜子前。前几天跟世杰聊掷筊的概率，圣筊概率是 $\frac{2}{3}$，比直觉的 $\frac{1}{2}$ 高。我起先觉得有点怪，为什么同意跟否定的概率不一样。后来想到，宗教的本意是抚慰人心，来庙里的人，往往彷徨需要帮助，如果这时再否定他们，那不是太打击人了吗？

从实务面来说，这样的庙恐怕也没办法顺利营运下去。

既然筊是这样，签呢？

签分成上等签、中等签、下等签。虽然实际上分得更细，不过大致来说用这样的三等级来看就好。我上网查，果然，通常下等签比例比较小。

行天宫采用的是"关圣帝君百签"，这次来我想亲眼验证一下。我边跟世杰解释，边快速抽出每个签柜，跟记忆里的签等级比对。

"噢噢，第一次亲眼看到传说中比计算机还快的人脑。"

世杰在旁边嚷嚷，一边帮我从后面的签柜抽起，报出签等级。

所有的签看完，我立刻算出：

"上、中、下三种等级的签比例是 51%、26%、23%。"

"咦，差这么多吗？！"

世杰大喊，我们走出放签诗的服务处，他叹气说：

"以前求到'中平'，还想说'不好也不坏'。原来从比例来看，中平根本是后段班。还好你是在我求签问跟小昭的状况之前说的，这样我不求了。"

"也不用这样想啦，看你用什么角度去解释。"

"你也可以想成这是条件概率。虽然普适状况可能是有 $\frac{1}{3}$ 的人好运，$\frac{1}{3}$ 的人普通，$\frac{1}{3}$ 的人运气很差，但是这跟'到庙里拜神'的人不一样。"我试图安慰他。

"你是说，丢骰子出现六点的概率是 $\frac{1}{6}$，但给定出偶数的情况下，出现六点的条件概率就是 $\frac{1}{3}$，这样的条件概率吗？"

"对，所以给定会到庙里拜拜的人，可能都会受到神明的保佑，因此比较少人会走厄运。抽到中等签不一定是安慰的话，说不定是真的运气就那样。"

"这么温暖一点儿都不像你。"

"我是在帮你想跟小昭约会时的台词。"

"对哎！我就先跟小昭解释签的等级分布不均匀，再用这个话来安慰她。话说回来，"世杰好奇地问，"你还没回答我的问题。你说很多数学家也是神学家，帕斯卡用数学证明了信仰有益，你用数学推理出不灵验的庙，也会可能看起来灵验。那你自己到底信不信？"

我眼睛向上看，思考了几秒回答："我不排斥相信，因为我刚刚只是证明就算不灵验，也可以看起来灵验。但我没有证明出真的不灵验。"

"不会迷信，但也不会迷不信，是吗？"

世杰伸了个懒腰，用轻松的口吻结束这个话题。我们从庙的左侧虎口出去，周遭的喧闹声像等待很久了，一股脑儿朝我们扑过来。一位弓着腰的阿婆走来向我们兜售祈福的兰花，世杰掏口袋跟她买了一束。

※

隔天，我收到世杰的信息。

"我想跟小昭改去龙山寺。"

"为什么？"

"龙山寺三种签的比例是 47%、27%、1%，还有 25% 的签没有标注等级。只有一张下等签，超不容易抽到的。再怎么说，我还是希望小昭不要抽到坏签。"

"体贴的伪'数青'。"

我送出几个字，然后想起一则新闻，打了关键词搜寻，果然没错——

据说日本惊悚漫画作家伊藤润二参访台湾龙山寺时曾抽到下等签，这是 1% 的概率，全庙唯一的一支下等签。

这是惊悚漫画画太多的影响吗？

05

安排念书进度也
需要数学？

"念书要会时间管理。在中学阶段，课业有一定的范围，
而念书是最重要的事，但你又想玩，所以得用最少的时间学懂该学的
知识。
这是一个优化问题，目标是时间，限制是所有要念的书。
上大学后，念书是众多事情中的一项。
念书的目标转变成：在一定的时间内，念完最多的书。"
"差别在哪儿？"
"优化目标变了，现在优化的是吸收的知识量，限制是一定的时间。
大学以前念不完书不敢睡觉，现在是最多念到 12 点，念多少算多少。"

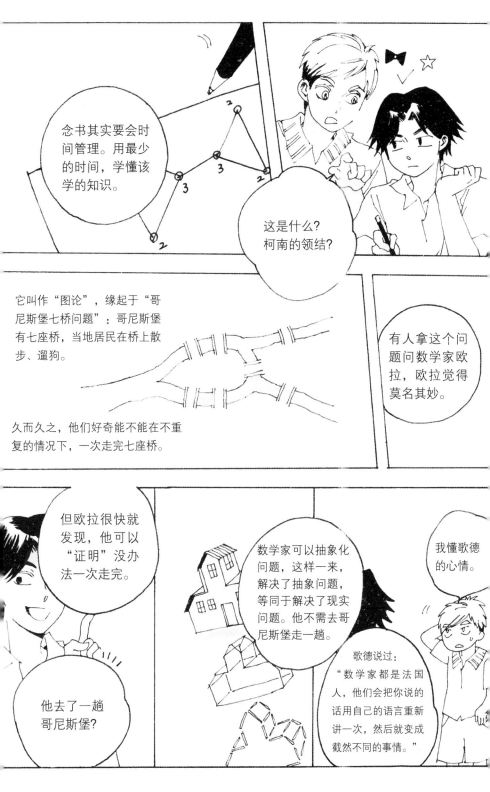

"晚安，在干吗呢？"

"下周要考试了，都念不完。"

我抬头看屏幕，游戏"正在读取中"的直方图走到 $\frac{3}{4}$，心里闪过一丝罪恶感。

"我也正要准备念书。"

我没说谎，准备再打五场，三小时后念书。

开始和小昭用 LINE 聊天后，我发现她很认真，每天都在念书。如果是别人，我早就笑话她："今天有去托管班吗？""不，我不是说打工，是说你去上托管班，缴学费的那种。"

但小昭只会让我自惭形秽，她好上进，我好懒散，连反省也是在游戏读取的空档。

游戏开始，MathKing 跟我走同一条路线，那是孝和的账号。

"她每天都用念书当借口来拒绝你吗？"

"我还没约！"

我点击鼠标，对一只小兵用了绝招，小兵被炸得四分五裂。

"心虚就算了，不要浪费魔法点数。"

"该怎么帮助小昭念书更有效率啊？"

我们在系里的计算机教室。虽然可以在家玩游戏，但坐在旁边并肩作战的感觉还是比较好，但我刚刚跟小昭的说法是——留在学校里念书。

"她没有接着说'改天可以一起念'……"

孝和盯着屏幕的脸上露出"怎么可能"的表情。

"用网络聊天很开心，但人与人深交还是需要见面啊，就像我们要坐在一起打游戏。"我叹了口气说。

"我们只是说垃圾话比较方便。你们也说垃圾话？"

"我们说情话！见面才能看见表情，知道她说话的时候是微笑、大笑，还是娇羞。见面才能听见声音，知道她的语气是轻快的、不带情感的，或是害羞的。"

"你有病，一直希望对方害羞。"

我用连续技解决掉敌人，继续说。

"见面才能看见整个人，她的手在托腮吗？还是放在桌上？腿上？我的手上？"

"这是发花痴，不是在讲见面的意义了吧。见面的确有意义，有更多信息，就能更了解对方的心思。"

孝和从旁边突袭，发动范围技，我们少打多，解决掉三个对手。

"被你说得好像在测谎。"

大概是从我游戏人物的步伐中看出了沮丧，孝和自以为不着痕迹地安慰我。

"或许她念书得专心一个人吧。"

"你也这么觉得吗？！"

"我们是不是这么觉得不重要，而是只能这么觉得。毕竟就算这真的是借口，你也不能怎样。哎，专心一点儿！"

我的弓箭手角色在会战时走到最前线，连一发箭都没射出就"领便当"了。孝和对盯着屏幕发呆的我叹了口气，说："不要只会打顺手球啊，你应该用数学来一场大逆转。"

数学念书术

"念书其实要会时间管理。在中学阶段的课业有范围，而念书是

最重要的事，念书的目标是：用最少的时间学懂该学的知识。得赶快念完才能去玩。这是一个优化问题，目标是时间，限制是所有要念的书。"

孝和跟我拉了两张椅子坐在打印机旁，他继续说：

"上大学后，念书变成众多事情中的一项，学习范围又不像中学那么固定。所以念书目标转变成：在一定的时间内，尽可能念完最多的书。"

"差别在哪儿？"

这不是换句话说同一件事吗？

"优化目标改变了，现在优化的是吸收的知识量，限制是一定的时间。大学以前念不完书就不敢睡觉，现在是最多念到 12 点，念多少算多少。"

孝和从打印机里拿出一张纸，在背后写上了

高中：
minimize 念书时间，
　subject to 要念的书 ≥ 考试范围

大学：
maximize 要念的书，
subject to 念书时间 ≤ 2小时

"subject to 后面接的就是限制，要满足这个限制条件，这称为受限的优化（constrained optimization）。这两个问题差别在于，优化的目标跟限制式刚好对调——"

有人游戏输掉骂了一声脏话,孝和被打断,像死机一样停了几秒,接着说:

"给定时间内最有效率的念书方法,我的经验是交替念不同性质的科目,才不会因为一直算数学而弹性疲乏。"

"你应该只想念数学吧。"我盯着孝和讽刺地说。

"如果其他科有数学的一半有趣,我会考虑多喜欢它们一点儿。"

"竟然对数学做这种恶心的告白……很好,我要学起来。但是我喜欢一次念完同性质的科目。"

孝和点头。

"每个人念书习惯不同,但我们都同意,存在一种最适合自己的念书顺序。现在,假设一位同学有 7 科要念:物理、数学、化学、语文、历史、地理、英文。他的念书习惯是:

数学前后分别要接物理和化学;

物理前后是化学、数学,不过物理有很多应用题,所以也可以接着语文念;

化学跟物理类似,前后可以是数学、语文、物理;

语文前后是物理、化学,也可以是历史、地理;

历史跟地理、语文接着念,有外国史所以也能接英文;

地理跟历史类似,前后可以接历史、语文、英文;

英文则只能接在历史、地理之间念。"

"有要求这么多的吗?又不是挑食,念书顺序还有这么多规矩,在念书之前他可能得先花上双倍的时间拟定念书计划吧。"

我不以为然，孝和在我埋怨的同时低头画了一张图。

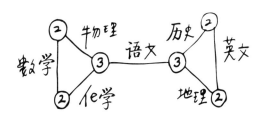

"柯南的领结？"

"它叫作'图论'，是用来表示关联性的一门数学。"

孝和的'数青'模式要启动了。

"图论缘起于哥尼斯堡七桥问题（Seven Bridges of Königsberg）：哥尼斯堡有七座桥，当地居民在桥上散步、遛狗，久而久之，他们好奇能不能在不重复的情况下，一次走完七座桥。"

我又盯着孝和看。他啧了一声说：

"不信的话自己上网查。有人拿这个问题问数学家欧拉（L. Euler）。欧拉觉得莫名其妙，他没去过哥尼斯堡，这也不是数学问题，干吗问他？"

"就算是数学问题，我还是觉得莫名其妙。"

"但欧拉很快就发现，他可以证明没办法一次走完。"

"他去了一趟哥尼斯堡？"

孝和不以为然地冷笑了一声。

"数学家可以抽象化问题，这样一来，解决抽象问题，等同于解决了现实问题，他根本不需要去哥尼斯堡走一趟。"

"我要是哥尼斯堡乡民，才不会信一个连走都没走过的人。"

"真相，并非取决于人们是否相信。"

"再加个风景照，弄个字体，就可以把这句话做成长辈图^①了。"

我笑话孝和，视线回到他画的图，每条线段旁边写着科目，线段跟线段的交点标上数字。再仔细看，这个数刚好是点所连接的线段数目。孝和的声音从旁边传来。

"这个数称为度数（degree），欧拉从哥尼斯堡七桥问题发展出图论这套用点跟线来分析现象的数学领域。在哥尼斯堡七桥问题里，每一座桥就是一条线。在我们这边，一个科目就是一条线。线段间的连接则是根据念书习惯画的。在刚刚的例子里，数学要跟物理或化学接着念，所以你看，数学的线段就和物理、化学连接。"

我有点意外，两件完全不同的事情，被数学抽象化之后竟然是相同的。

"德国作家歌德说过：'数学家都是法国人，他们会把你说的话用自己的语言重新讲一次，然后就变成截然不同的事情。'"

"我懂歌德的心情。"

"歌德少说了一件事，数学家可以把不同表象的事情归纳成同一件事情，就像这个例子。所以数学家只要发明一套解决方法，就可以同时解决很多问题。在这边，欧拉发现想要一次走完全部的线段，最多只能有 2 个点的度数是奇数。如果超过了，就无法一次走完。"

"规则这么简单？"

"还有，奇数点要作为起点。"

我低头，这张图只有 2 个点的度数是 3，其他都是偶数。我伸出食指，从左边的 3 出发，物理→数学→化学→语文→地理→英文→

---

① 长辈图，指一种常为中老年人在社交群组中转发的图。——编者注

历史，哎，还真的走完了。但如果改成从左上的 2 出发，数学→化学→物理，卡住了。

"为什么啊？"

我发问，孝和用问句回答我：

"度数是 1 的点会发生什么事？"

"走进去就出不来了。"

"度数是 2 的点？"

"可以直接穿过去，有进有出。"

"度数是 3 呢？"

我懂了，度数 3 是一进一出，这会用掉两条线，然后就变成了度数是 1 的点。

"起点是'离开不回来'，终点是'进去不出来'，所以可以用度数为奇数的点。其他点就不行。"

"不错，你这样跟小昭解释，她应该就懂了。"

孝和补充：

"不过要注意，一种叙述可以画出好几种不同的图。"

他拿起笔画了另一种图。

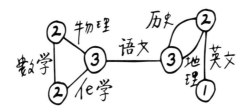

"像这个同学的念书习惯也可以画成这样,但如此一来奇数点太多,就无法一笔画走完。简单地说,叙述跟图不是一对一(one to one),而是一对多,或是多对多……"

这根本不叫"简单地说",我忽略孝和的声音,趁着图论的知识还没忘光光,赶快拿出手机传信息给小昭。

地铁车厢里的房地产

"'得到座位'是个排序问题，某个排名以内的人可以拥有座位。
目前是依照上车的先后顺序排序。
当座位满了，再变成用'距离座位远近'来排序。"
世杰摇摇手指。
"爱抢座位的阿伯大婶，无论距离多远都会冲过来。"
"没错，'羞耻心'也是一种排序的准则。
为了照顾弱势群体，我们还有让座机制，将他们放入优先顺位。"
"难道不能'买'位子吗？"
"有，商务舱。"

十月初，太阳丝毫没有松懈的迹象，骑脚踏车吹过脸颊的风都是热的。

我跟世杰一起搭地铁去打工，月台上，我问他先前和小昭在咖啡厅做数学实验的结果。

"真的是先放一阵子，再倒冰牛奶会比较凉。"

"是噢。"

我点点头，一切照计划进行。通常实验很容易有误差，想百分之百让实验成功，概率是非常低的，因为有太多因素，如杯子材质、辐射散热等没考虑到。数学家冯·诺伊曼曾说过："If people do not believe that mathematics is simple, it is only because they do not realize how complicated life is."翻译成中文意思是："人们以为数学很困难，那是因为他们不知道生活有多复杂。"用个老派的比喻就是——生活是一座冰山。

我们在海上，远远看到一座冰山，拿出名为"数学"的高倍率望远镜，把一切细节都看得很清楚。高倍率望远镜操作很复杂，有些人因此讨厌数学，觉得困难、不好用，用肉眼看就够了。

错了，没用数学时你只是"感觉上看得很清楚"，根本无法捕捉细节。

而且就算有了数学，你能看到的也只是浮在海面上的一部分，真正的生活，远比数学所能体现的还要复杂许多。5岁小孩就能泡咖啡，但我们得等到大学才能描述咖啡加牛奶的温度变化过程，而要精确描述"泡咖啡"的完整过程，还有很长的一段距离。

为了确保世杰能得到正确结果，我还先跑了一趟雪克屋咖啡店，费了一番功夫准备前置作业。

两分钟以内的地铁座位数学

走进地铁车厢，身上的热气被瞬间抽走，我跟世杰找到座位，他的话题依然环绕着小昭。

"你知道东野圭吾吗？"我打断他。

"推理小说作家？"

"拥有理工背景的他曾说过，理工话题很受欢迎，只要你能在两分钟以内讲完，且让大家都能理解。像你这样还把微分方程列出来，也太为难人了吧？"

世杰用奇怪的眼神看我。

"你在说什么？她可是说出'想要吃等腰直角三明治'的女生哎。"

"也是，我忘了。"

差点就说出秘密了。

车门打开，一位老先生搀扶着老太太走了进来。

"您请坐。"

世杰跟我站起来，他们弯着腰连声道谢：

"现在年轻人都好有礼貌。"

"没有没有，我们比较特别。"世杰挥挥手说。

老夫妻花了几秒弄清楚世杰在说笑，才笑着不停道谢。他们坐下来后，世杰又回到方才的话题。

"东野圭吾说的也有道理，每次都要讲那么久那么深的数学，对我来说太难了，背不下来。"

完全搞错方向了吧。人与人沟通真是充满意外。他继续说：

"你表演一下吧，两分钟以内的数学。"

坐着的老夫妻，手自然地牵在一起，散发一股淡静的浪漫。灵感从他们的身上浮起。

"就说'让位'吧。你觉得座位一般是谁优先坐？"

"先上车的。"

"没错，'得到座位'是个排序问题，某个排名以内的人可以拥有座位。目前是依照上车的先后顺序排序。当座位满了，再变成用'距离座位远近'来排序。"

世杰摇摇手指。

"爱抢座位的阿伯大婶，无论距离多远都会冲过来。"

"没错，'羞耻心'也是一种排序的准则。为了照顾弱势群体，我们还有让座机制，能将他们优先放入前面的顺位。把这些因素都考虑进去，工程师就能写程序，仿真在地铁上乘客坐座位的状况了。"

我想起一位跟地铁关系紧密的朋友赖皮（请参考书末外传"地铁地下委员会"），他每天都在地铁上度过，说不定会有更细致的观察。

"这样一讲，我忽然想到，难道不能'买'位子吗？"

"在地铁里没有，但别的地方有——商务舱。官方说法是位子比较宽敞，服务比较好。可其实商务舱就是用钱买座位的机制。"

世杰喃喃自语"的确是这样"，抬头问我："很有趣，但跟数学有什么关系？"

"这算是分析，刚刚只是先用比较数学的口语方式去描述，开始深入分析后，就需要用到数字了。"

世杰脸上的表情告诉我，他不太能认同。我指着旁边的座位说：

"我换一个说法。假如你很累，车厢里全部座位都是空的，但下一站就会瞬间被坐满。你很善良，看到需要帮助的人会让座，但你今天真的想好好休息一下。这时候你该挑哪个座位，才会最不容易让座？"

"不能装睡吗？"

我赏了世杰一个白眼。他左右张望，盯着车厢里的广告思考，过一站后，他用不确定的口吻回答：

"如果有爱心座的 L 形座位，那就是爱心座那侧的里面那个位置？"

标准答案。

"为什么？"我问道。

"男人的直觉。"

"把那种奇怪的东西收起来。'让座'的优先级取决于'距离需要帮助的人有多近'，三个一排的座位，每个座位前面都可以站人，距离门又近，上下车方便。很容易会有需要帮助的人站在你前面。"

世杰点点头，我手指向另一边的 L 形座位。

"L 形最里面的位置距离门口比较远，又没有直接站在旁边的空间。"

"噢！我知道为什么我凭直觉选有爱心座的 L 形座位了。需要让座的人上车后，理性上知道爱心座的乘客不会让座，所以会去另一侧没有爱心座的 L 形座位，增加自己被让座的机会。天啊，我的直觉强到逻辑思考都慢半拍。"

"因为你的逻辑思考太弱了。"

世杰不在意我的吐槽，叹了口气说："这个不错，可是太炫技了。"

"炫技？"

"你已经把数学内化到任何事情都能从数学的角度思考，嗯，或只能用数学来思考。但我不是，我很难随机发挥。就算硬背的话，

小昭追问我也接不下去。"世杰自问自答,"有没有更亲民一点,像咖啡跟牛顿冷却定律一样,可以背得很完整的经典地铁数学啊?这样下次我跟小昭搭地铁约会时就能派上用场。"

被他这么一问,我想起一个经典的数学。

电扶梯上尽量不要动

"当今世界最聪明的数学家之一陶哲轩曾经问过一个问题,确切的内容我忘了,大致上是:你进地铁站后遇见了小昭——"

"我会去跟她求婚。"

我翻了个白眼。

"假设你们还不认识。她上电扶梯后没有靠右侧,在左侧一路往上走。你像个变态一样跟在后面。"

"我的爱浓郁到看起来像变态了吗?"

"随你。现在,在另一个平行时空:她一进地铁站,就感受到背后有你的变态视线,于是用两倍正常速度快走。你也加快脚步跟在后面。一上电扶梯,你却被一个大婶挡住无法前进。"

"大婶干得好!"

我叹了口气,不懂他为什么投入成这样。

"假设地铁刷票口到电扶梯的距离,以及电扶梯的全长都是 20 米。你的步速与电扶梯的速度都是 1 米 / 秒。刚才这两个状况,你觉得它们的效率是否完全相同呢?"

"这是小学数学问题吧,居然是地表最强数学家问的?"世杰用不屑的语气回答,"第一个状况,刷票口到电扶梯走了 $\frac{20}{1}$ =20 秒,在电扶梯上花了 $\frac{20}{1+1}$ =10 秒。一共是 30 秒。第二个状况则是刷票口

到电扶梯花了 $\frac{20}{2}$ =10 秒，在电扶梯上不能动，整整花了 $\frac{20}{1}$ =20 秒，一样也是共 30 秒。从结果来看没有差别。可恶，我一听这种回答就知道自己中计了。"

我用鼻子发出笑声，世杰说得没错，他的逻辑正是大多数人会第一时间想到的：时间完全一样。

但这不代表行走距离一样。

我回答他："第一个状况，你从刷票口到电扶梯走了 20 米。电扶梯上你花了 10 秒，所以是又走了 10 米，一共走 30 米。第二个状况呢？"

"刷票口到电扶梯一样走了 20 米，但是在电扶梯上没有移动，所以总共只走 20 米。嗯？同样时间，却少了……10 米？"

我点点头："对啊，因为第一个状况在电扶梯上行走，变相'减少了待在电扶梯上的时间'，你每停留在电扶梯上 1 秒，电扶梯会推你往前 1 米。"

我说出结论："从这个角度来看，在电扶梯上走路是没效率的行为，浪费电扶梯的效益。赶时间的人另当别论，他们愿意牺牲一切，只为了缩短移动时间。只是，如果体力有限，要挑时间休息的话，跑到电扶梯上休息是比较明智的做法。"

"好强噢，连我都会觉得听完后有收获哎，而且超级生活化，"世杰低头看手表，"好吧，花了超过两分钟。东野圭吾会说你不合格。不过小昭一定会喜欢的。"

"你是不是要下车了啊？"

我提醒还沉浸在学到新话题的世杰。

"噢，对哎。拜啦，周末你要干吗再跟我说，不然就周一见啦。"

世杰头也不回地跟我道别，他一脚踏出车门，我抓准时机说：

"下周末跟小昭她们系联谊吧。"

"嘎？！联谊？"

车门随着音乐阖起，世杰的脸消失在后方。

第二部

劲敌！
"篮球男"现身

07

联谊中的二分图配对

"有办法让我跟小昭配对吗？"

"小明跟哥哥跑 400 米操场，小明按顺时针方向跑，
跑速为每秒 6 米，哥哥按逆时针方向跑，跑速为每秒 4 米。
请问两人前三次相遇，各自是在几秒？"

"第一次相遇，等于是两个人一左一右，总共跑了 400 米。
速度相加再除以操场 400 米，$\frac{400}{4+6}$=40。

依此类推，每 40 秒就会相遇一次。问这个干吗？"

虽然是小学数学，但这么快就解出来我还是挺得意的。

只是现在不是算数学的时候了吧？

"我喜欢看书，一个男孩和一个女孩爱得死去活来的那种。"

"像《红楼梦》吗？"

"不对，那是一个男孩跟十二个女孩。"

我摸摸鼻子。

"像是《小美人鱼》。"

"那是爱得死去活来的书吗？"

"当然，公主童话都是。"

如果把"对话"比喻成一个人，那我和这位女同学之间的对话就像躺在加护病房、即将宣告不治的患者。我边听她解释《小美人鱼》的恋爱剧情，边望着小昭的背影。和她聊天的是我同学，他本学期重修微积分，所以我不太担心小昭会在 5 分钟的"认识彼此"活动中爱上他。

"时间到了，我们重新分队噢。"

小昭的朋友欣妤（就是那位金发女）向大家宣布。

我们回到草地上。男女分开，围成了两个同心圆，女生在内圈，小昭站在我面前。

"刚刚好玩吗？"

"我学到《小美人鱼》是爱情小说。"

"她是我们系花噢，很可爱吧。"

女生常说别人很可爱，但那通常是指个性，跟男生口中的可爱是不同的意义。

"等音乐开始，男生按顺时针方向走，女生按逆时针方向走。音乐停止时，你们站在谁的前面，就跟谁一组。孝和准备下音乐。"欣妤站在圆圈中间说。

公平起见，背对着众人播放音乐的孝和点点头。

"你看过《永远的零》这部小说吗？"我故意提高音量跟旁边的同学说。

"嘎？"他皱眉头，不懂我为什么忽然冒出这句话。

几十秒后音乐停止，我站在小昭背后，准备迎接她转身。

一定能跟小昭配对的策略（昨天）

"一开始会两两配对认识彼此，三轮后最后一次的配对，就是今天一整天的搭档。"

孝和跟我在雪客屋咖啡店里开作战会议。根据他跟高中同学欣好打听到的，配对方式是男女围成同心的两个圈圈，反方向移动，随机停止。

"有办法让我跟小昭在最后一轮配对时在一起吗？"

"小明跟哥哥跑 400 米操场，小明按顺时针方向跑，跑速每秒为 6 米，哥哥按逆时针方向跑，跑速为每秒 4 米。请问两人前三次相遇，各自是在几秒？"

"第一次相遇，等于是两个人一左一右，总共跑了 400 米。所以可以把速度加起来再除以操场 400 米，$\frac{400}{4+6}$ =40。依此类推，每 40 秒就会相遇一次。问这个干吗？"

虽然是小学数学，但这么快就解出来我还是挺得意的。只是现在不是算数学的时候了吧。

"你数学真的不太好哎。"

"我算错了吗？！"

"没有。"

"那你怎么能说我数学不好？"

"懂得解题是计算好，又不是数学好。"

孝和话停在一半，又看了看我，像是老师在给口试学生最后的补充机会，几秒后他说：

"算了，我去主动帮忙放音乐。我会先用前两次的结果来观察男女生的速度。最后一次，你只要记得告诉我，你和小昭之间差了几个人。我再来控制时间，就能让你们站在一起。"

我这才知道孝和刚刚说我数学不好的意思。

我以前看到这种反方向跑步的题目，都觉得是世界上最脱节的应用题，"应用"两个字是反讽法吧。

没想到这道数学应用题成了帮助我跟小昭联谊配对的关键。

我们约好小昭在我前面就是0，跟门牌号码一样，右手边是单号，左边是双号。我去找了一堆书作为密码：《美食，祈祷，恋爱》《双城记》《三国演义》《四喜忧国》……

从天堂掉到地狱

"请多多指教。"

小昭笑着，刻意跟我鞠躬问候。我用眼神向孝和道谢，他一脸理所当然的模样。欣好来回看着我跟孝和，她察觉出我们做了些什么，却又不知道是怎么办到的。

"好巧噢。"

"对啊。"

我忍住没说"这是数学的功劳"，是"缘分"还是"数学"做抉择，多数人还是会选前者吧。

接下来是我人生中最美好的一天：我们两人三脚跑了100米（可以的话我想跑马拉松），从面粉堆里吹出乒乓球（我希望那是铅球）。玩到一半我想起，据说人与人之间平常保持1.2米的距离，感情好一些的，会拉近到45厘米以内，12厘米以内就是所谓的亲密距离。如果感情不够的两人距离太近，他们会产生排斥感，下意识再度拉开距离。

现在差不多是45厘米，我吸了口气，稍微挪动身子往小昭靠去。

"你会口渴吗？我有带水。"她撇过头来看我。

"噢，不会不会。"

就在我庆幸小昭没嫌我靠太近的同时，下一秒，她也微微往我这边靠过来。

我幸福得快死掉了。

小昭在某次游戏需要猜拳时建议除了"剪刀、石头、布"之外再加上"斯波克"跟"蜥蜴"，跟我分析平手的概率。我在玩一个叫作"竹笋竹笋蹦蹦出"的游戏时，跟小昭巨细靡遗地介绍了里面的数学原理，以及最佳的游戏策略。在联谊中快乐地聊数学，这是我跟小昭的专属活动。

当然，数学内容是昨天开作战会议时孝和教我的。

"希望大家今天玩得开心。记得把问卷交回来给我们噢。"

夕阳反射在醉月湖的涟漪上。我、孝和、小昭和欣好留下来收拾场地。明明是提议要办联谊的人，欣好今天却没上场。

"不是你想联谊的吗？"

"我不想联谊，只想指使人，你们今天每个人都好听话，被惩罚也都笑嘻嘻的。"

欣妤笑得邪恶，小昭脸都红了。

"哪有，我们是在配合游戏。啊……对不起，我不是这个意思。"

后面这句话是对我说的，我挥挥手装作没事。

"等等找个地方一起看问卷吧。"欣妤继续加码，挥挥手上的一叠纸。

游戏最后，欣妤不准大家留联络方式，只让女生填问卷，写下今天印象最好的三位异性名字，她再来配对。最后，一个人只会拿到另外一个人的联络方式。我跟小昭一定有互选，只是问题在于，我们各自还有两个字段，如果同时那两个人也选到我们，我们就有可能被配对到别人。

该想办法避免这个状况发生。

我望向孝和，打算问他该怎么办。孝和看着另一个方向，我沿着他的视线看，一个穿球衣的男生，比我高半个头，脸上挂着灿烂的微笑，是那种会迷昏女孩子的微笑。他往我们这边走过来，对欣妤打招呼。

"哈啰，你们在这边干吗？小昭也在哎——"

小昭和他挥挥手。男性本能发出前所未有的高度警戒铃声，我假装没事试探。

"欣妤，这是你男朋友吗？"

所有人转头看着我不说话，然后一起发出爆笑的声响。

"哈哈哈，我怎么可能会是欣妤的男朋友。你这样讲小心被积木打。"

"我怎么可能跟这么没品位的男生在一起！"

"这样说太过分了，你要跟那些女生道歉。"

"篮球男"手一挥，我仿佛真的看见了众多女粉丝。

"我要跟小昭道歉吗？"欣妤说完，绕到了小昭背后，双手放在她肩上，小昭连忙躲开。

"学姐今天怎么一直乱说话，学长只是教我很多数学知识而已！"

我的心沉到谷底，长得又帅，数学又好。"篮球男"和几分钟前的我一样，用笑容响应小昭的否认。同样是笑容，我和他就像路边摊跟百货公司专柜的差别。

"这叠纸是什么啊？""篮球男"指着欣妤手上的问卷说。

欣妤解释完互选的规则后，他歪头想了想回答："用二分图的方法来配对，应该就可以找到答案了。"

"篮球男"走到一旁的泥土地，用脚在地上画了两排圆圈。

他指着我说："靠近我的这排是男生，另一排是女生。假如你是这个圆。"

"啊？"

"你选了这三位女孩子。其中有一位是小昭。就假设是这个圈圈吧。"

他一连串地讲起来，我来不及反应，"篮球男"继续往下说。

"小昭也选了三位男生——选了谁呢？"

"忘记了，不要问我。"

小昭害羞地说。"篮球男"笑得很开心，从代表小昭的圈圈拉了两条线出去，然后再重画了一次我跟小昭的连线。

"假如你们互选——"

"一定有。"

我小声说。

"你说什么？"

"没事。"

"假如你们互选，你们这条线就会有比较高的权重，是 2 分。把所有人的问卷都整理成这样的形式。在图论中这就叫作二分图。点分成两群，每一群都只跟另一群里的点有连线，自己群内的点都不会有关系。"

"篮球男"很流畅地讲解着，好像在听另一个孝和上数学课一样。难怪小昭会请教他数学。他们是怎么认识的呢？

"画好之后，有很多方法可以解出'配对'的问题。配对的意思就是，要让两个有连线的点为一组，把所有的点都分组，同时还要考虑当双方互选时，连线权重更高，要优先分成一组。所以可以先去看这种高权重的线，把对应的点配起来。"

他用脚尖绕了一个大圈圈，把我跟小昭的点连起来。

"**假如**他们互选的情况下。"

欣好在"假如"这两个字上放了重音。"篮球男"继续说。

"他们就是一组，我们就可以把他们排除在这个配对问题之外，继续去看其他人，一直这样做下去就能解答了。"

"学长好厉害噢。"小昭露出钦佩的眼神。

我尝试想扳回一城地问："这也算数学吗？"

"算噢，它是一个很有逻辑、很清楚的表示方法。把人用点来表示，选择用线来表示。互选还有加分。将一个现实问题用抽象的符号表示，是数学中很重要的建模。"

我转头向孝和求救，他耸耸肩无可奈何，举起拇指肯定"篮球男"的答案。

我看着地上的图，代表小昭的点旁边刚好放着"篮球男"带的篮球。比起跟代表我的点，他们两个靠得好近。

08

世杰与阿叉的
胜负表格

"唉——"
世杰在半小时内第 26 次叹气，每叹一口气，
他的肩膀就往内缩一些，整个人变小，
现在的样子差不多跟练瑜伽的人一样，
可以装进玉米罐头里了。
"输定了。'篮球男'长得又高又帅。
我已经很高了，遇到比我高的人概率有多低啊？"
尽管我知道世杰只是埋怨，但只要有台湾地区男性身高统计表，
他的问题要得到答案不是不可能的。

联谊隔天，我跟世杰在学校快餐厅吃午餐。

"唉——"

世杰在半小时内第 26 次叹气，每叹一口气，他的肩膀就往内缩一些，整个人变小，现在的样子差不多跟练瑜伽的人一样，可以装进玉米罐头里了。

"输定了。'篮球男'长得又高又帅。我已经很高了，遇到比我高的人概率有多低啊？"

尽管我知道世杰只是埋怨，但只要有台湾地区男性身高统计表，他的问题要得到答案不是不可能的。

"看起来个性好，运动细胞又好。"他继续说。

"你不是台球队的吗？能打台球，体育应该也不赖啊。"

世杰看了我一眼，确定我不是在讽刺后又叹了一口气。

"去年大电杯我跟台球队去比赛。因为平常太少练球，比到第三轮时，队长还过来问我：'请问你一直跟着我们队伍，有什么事吗？'"

"那你干吗参加台球队？"

"大家不都是这样吗？满怀热血参加了一个社团，第一周后便失去兴趣。"

应该不是大家吧，不过我自己没参加任何社团，也不方便说什么。

"唉——"

第 27 次。世杰把餐盘纸翻过来，在背面空白处画了一张八卦周刊比较女明星前后任男友时常用的表格。

	篮球弓	世杰
数学	胜	
长相	胜	
其他		胜

"'其他'是什么？"

"我也不知道，但如果全部都输，我也太可怜了吧，我一定有赢过他的地方，只是现在还没想到而已。"

叹气的频率应该会赢，我边想边说：

"就算是这样，还是 2：1 落后。"

这句话像颗铁球，直接砸中世杰的脸。他低下头来，第 28 次叹息传入我耳中。

"如果是别的就算了，为什么刚好他的数学这么好呢？"

"他从小学起数学一直就很差，后来遇到对的老师，才慢慢变好的。"

世杰瞪大眼睛，我强忍着笑意，说出准备已久的台词。

"我没跟你说吗？他是我从小到大的好朋友，叫阿叉。"

正确的胜负表格

"你没跟我说啊！昨天你们没打招呼，看起来一点儿也不像朋友！"

世杰提高音量，旁边在自习的女生皱眉瞪了一下我们。

"我很意外他跟小昭那么熟，就忘记打招呼了。"

世杰怀疑地看着我。这是个很烂的谎言。事实上，阿叉出现在

那里是欣妤特地安排的，任何一个正常男性看到自己喜欢的女孩跟阿叉聊天，都会感到压力。

"为什么要这样做？"

"好玩啊！"

欣妤在 LINE 里回答。

原来，小昭是因为欣妤才认识阿叉，他们三个都念同一所大学，偶尔中午一起吃饭，小昭会问他一些数学问题。起初我打算装作跟这件事情完全无关，也不认识阿叉。后来想了想，撇清得这么彻底好像不太容易，适当承认一些才是比较正确的做法。

看到世杰现在的反应，我同意欣妤的话——好像蛮好玩的。

"他有女朋友吗？"

"他有没有女朋友不是重点吧，重点是小昭有没有喜欢他。"

我技巧性地闪过了关键问题，世杰点点头。

"也是，小昭那么温柔，就算阿叉有女朋友，可能也会选择默默守候在他旁边……"

阿叉身旁的确有几位这样的女孩。不过商商倒是很相信他，从来没有吃醋。

"你能不能请你朋友放过小昭，我会好好照顾她的。"

"讲得好像小昭欠他债一样，男人之间应该是来一场君子之争吧！"

我拍了几下桌面，试图鼓励世杰，也试图让局面变得更好玩。世杰茫然地望着我，叹了第 29 口气后说："你自己都说 2：1 了，我怎么可能赢。"

"不一定噢，你看。"

我接过他的笔，把胜负换成 1 与 0。

	篮球男	世杰
数学	1	0
长相	1	0
其他	0	1
总令	2	1

"现在这样是 2∶1，落后没错。可是如果我们再随便找两个人进来，就对面那桌的两个家伙吧，看起来数学就不怎么好，长得也不帅。"

对不起，我在心里跟那两位同学道歉，动笔写下扩充后的比较表格。

	阿叉	世杰	路人A	路人B
数学	4	3	2	1
长相	4	3	1	2
其他	1	4	3	2
总令	9	10	6	5

"哎？！"世杰今天第一次讲话的尾音上扬，"我赢 1 分了？！怎么回事，明明你加入了两个弱到小昭不可能会选的对象，为什么他们的出现会翻转我跟阿叉的排名。唔，你这是在安慰我吧？"

是安慰，不过我当然没说出口。

"比较两个人时，你跟阿叉之间的输赢，都是用 1 分来计算。但事实上，每一项的 1 分，背后的价值可能完全不一样。比方说，你跟阿叉的数学其实不会差太多。"我摇摇头说。

世杰皱起眉头，一脸不相信的样子。

"真的，相信我，你在我的调教下好好努力，还有机会可以赢他。他以前数学差到连条件概率是什么都不知道。"

"是噢。"

从世杰心虚的语调可以听出他忘记条件概率是什么了，我把话题带回比较上。

"加入路人 A 跟路人 B 后，我们发现，你跟阿叉可能在数学和长相上是很接近的，依然只差 1 分。但如果考虑到其他的话，阿叉这点比两位路人还弱，你在这边获得 4 分，他只有 1 分。原来的 1 分差距，被扩大成 3 分差距。这样一比较，你就赢啦。"我再补上一句，"只是这个其他是什么，就要你自己去想了。"

世杰犯的错其实是每个人在做比较时都很容易忽略的。大多数人以为只要有量化就好了，但该怎么量化，才是真正的关键。像这样单纯把赢跟输用 1 分来表示，不去考虑输赢"多少"，就很容易造成最后的判断错误。

差多少的重点是用什么当作距离

"再多讲一点儿吧。"

"什么？"

我听不懂世杰这句没头没尾的话。他用催促的语气说：

"数学，数学啦。你刚讲的好像又跟数学有关系了。你们开始懂得活用数学是在高中对吧？这样我落后阿叉好几年了，得赶快奋起直追。"

我笑了一下，刚才那里面倒没有什么跟具体某个数学概念有关，只是一些逻辑的细节，硬要说的话……

"有点像 distance。"

"距离？干吗撂英语。"

"这个数学知识是我从原文书里学来的，下意识就用英文了。你一开始画跟阿叉比较的表格，每一格只有 0 或 1，这个可以视为 Hamming distance，中文叫作'汉明距离'。可以想成这是玩'大家来找碴'那种找出两张图哪里不一样的游戏，有 8 个不一样的地方，两张图的汉明距离就是 8，不管是只有一朵花不一样，还是一整栋房子不一样，只要不一样，就算是 1。"

"那跟我刚刚的比较的确很像，只要谁赢了就是 1，输的就是 0。"

"没错，你的胜负计算，就是在算二人分别跟原点 (0, 0, 0) 的汉明距离。算出来阿叉是 2，你是 1。所以他赢。"

世杰点点头，我喝了口饮料继续说。

"后来我们把更多人放进比较，每个字段也不再只有 0 跟 1，会有各种整数，如果愿意的话，也可以用小数表示。这时候的距离就是 Euclidean distance。"

"油可丽的嗯？"

"欧氏距离，以欧几里得的名字命名。"

我在心里骂了一句脏话，当初我学到这个名词时，反复念了好几遍，只为了把发音练到完美。结果这家伙竟然听成什么油的。

"欧氏距离就是我们最常接触的距离，平面上两个点 (1, 3) 与

(4, 7) 之间的距离是多少？"

"x 轴上 1 和 4 的距离是 3，y 轴上 3 和 7 的距离是 4，所以二者平方相加，9+16 开方等于 5。"

"对，这个'距离 5'就是在讲欧氏距离。"

"这样听起来欧氏距离精准多了，怎么还会有人傻到用只有 0 跟 1 的汉明距离。"

世杰不以为然地说。我盯着他看没响应，几秒后他才醒悟到自己就是他口中"傻到用只有 0 跟 1 的汉明距离"的人。

"是吧，对很多人来说，比起精准度，计算方便更重要。汉明距离虽然不精准，但它非常好算，只有 0 和 1，只要加法，多轻松啊。而且很多时候，像刚刚我们讲的'大家来找碴'，游戏重点只要发现哪里不对就好，怎样不对不重要，这时候汉明距离就很够用了。"

"二进制的数字信号也是，对吗？"

我点点头。

"没错，计算机所使用的二进制系统中，每个数本身都是由一串 0 与 1 组成，一个 0 或 1 称为'位'。比较两个位串时，我们只要计算它们的汉明距离，就可以很精准地知道它们到底相差多少。也可以从一个位串算出另一个位串的值，只要把汉明距离等于 1 的位翻过来就好了。"

我解释着，心里同时有点意外，没想到世杰这么快就想到这个例子，或许他的数感比他自认的还要再好一点儿。有这么一个说法是，如果你觉得自己没有数学天分，那你就会被自己催眠，真的学不好数学了。看来，世杰渐渐突破了这个催眠。

09

自由落体的心情

"你们先'计算'好每个动作了吗?
我说的是,用数学计算噢。"
"噢?"
欣妤一脸轻视地看我,她很漂亮,但个性令人不敢恭维。
"啦啦队要搭配音乐,每个动作都要很精准,要对到时间。
比方说,抛这个动作就需要计算。
我们来假设,一个 48 千克的女生被四个男生抛起来。
不能只是抛就好,还要事先算出她在空中能停留多久。"
"然后呢?自由落体吗?
真正跳啦啦队的人是不会知道这些的。"

秋天的夜晚很凉爽，马路上的发动机和喇叭声听起来也比在夏天时顺耳很多，唯独路面依然凹凸不平。

咻。

我小心握紧自行车的车把，不让车子晃动得太厉害，保护篮子里的"手摇饮料"。这是我在大学门口排了半小时才买到的青蛙撞奶[①]，这是在"顺路刚好经过"探班啦啦队的练习时分量刚好的慰问礼。

※

几天前我跟小昭在网络上聊天，我试图约她去图书馆念书。

"对不起，我那天晚上有事……"

被拒绝了吗？我脑海里第一个浮现的是阿叉的脸。仿佛是为了安慰我，小昭接连传来信息："学校下个月要啦啦队比赛，我们要留下来练习。

"不过隔天晚上就可以了。你要带我去你们学校的图书馆吗？"

带！她用"带"这个动词！文字真的很微妙，从"找"换成"带"，稍微修改动词就给人撒娇的语气。相比之下，数学的变化就有点太过头，一道简单的式子 2+5 光是把加法符号"+"转 45 度，就会得到完全不一样的答案。

"只是我对小昭突袭式的撒娇有点讶异就是了，没想到她有这一面。"

"女生在喜欢的人面前，跟平常本来就不一样吧。你自己还不是一样，平常很不识相。"另一个对话框的孝和听我说完后回答，再补

---

① 一种奶茶饮料。——编者注

上一句："不对，你在小昭面前也很不识相。"

我默默将孝和的对话框设定成不提示。

啦啦队服上的红标签

今天晚上在计算机教室打完电动后，我决定去找小昭。

我认为突然拜访有两个准则必须要遵守。

第一是"刚好"：刚好在附近办事，刚好多买一杯饮料，不要让对方觉得你是刻意计划好，这样会给人压力，严重一点人家还会觉得没被告知。

第二是"短暂"：不要停留太久，讲几句话就要离开，不要影响对方的原有行程。

所以我的版本是："念完书后去买青蛙撞奶，想到你在练习会口渴，就顺便买几杯带过来给你和你同学。"

我多买了三杯，一杯给小昭，一杯给一定会出现的欣好，还有一杯备用。我对自己的深思熟虑感到开心，载着四杯青蛙撞奶，展开最开心的外送服务。不仅如此，我还查好了啦啦队相关的数学。

连啦啦队练习里也有数学，看到时真有点啼笑皆非。

我想起孝和曾说过一则故事：一群数学家在思考该怎么让人们意识到生活中处处是数学。

"不如我们就像标示原料那样，在每个跟数学有关的事物上贴上一个红色标签。"

大家起先觉得这个点子不错，但后来想一想还是没有实行。

"为什么？"我问孝和。

"他们发现这样做，等于在每件事物上都贴红标签。到处都有，

人们反而又会忽略红标签了。"

我想象小昭的啦啦队服上也有一个红标签的画面，好可爱。

"真不好意思，你还特地跑一趟。"

"我最喜欢青蛙撞奶了，半糖少冰吗？"

第二句话是欣好说的，她理所当然拿起另外一杯。我点点头。

"不错，很细心，帮你加分。"

谁需要你的加分啊？我忍住这句话，笑着跟她道谢。晚上的大学操场有很多人在运动，小昭刚好是休息时间，我们三个人坐在跑道旁的观众席聊天，慢跑的人不时从前方经过。

"练习还顺利吗？"

小昭正在喝饮料，她点点头，脖子上围着一条毛巾，几撮头发因为汗水贴在脸上。

"不过有些动作还是没办法做好，好难噢。"

"你动作太慢了，刚刚那边要赶快跟上。"

"可是学姐……"

"我不是学姐！"

她们讨论起刚才的练习。我在心里复习了一遍，拿出准备好的话题。

"你们先'计算'好每个动作了吗？我说的是，用数学计算。"

"噢？"

欣好一脸轻视地看我，她虽然很漂亮，但个性真的令人不敢恭维。

"啦啦队要搭配音乐，每个动作都要很精准，要对到时间。比方说，抛这个动作就需要计算。我们来假设，一个48千克的女生被四个男生抛起来。不能只是抛就好，还要事先算出她在空中能停留多久。"

"然后呢？自由落体吗？真正跳啦啦队的人是不会知道这些的。"

被破梗了，我觉得有点尴尬，我忘记这位个性差的女生跟孝和是高中同学，接受过同一位数学老师的启蒙，数学一定也不错。还好小昭听不太懂，我装作没听到继续讲下去。

"假如要在空中停留 2 秒，往上 1 秒，往下 1 秒。在最高点的一瞬间速度是 0，重力加速度 g=9.8 米 / 秒 ^{2}，运用以前物理课所学，这一秒内移动的距离是

$$\frac{1}{2}gt^2 = \frac{1}{2} \times 9.8 \times 1 = 4.9$$

大概要抛高到 5 米。"

"5 米不会太高吗？"

小昭边说边抬起头，糟糕，5 米都要到两层楼高了。我赶快改口。

"对，所以只能停留 1 秒就差不多，这样抛的高度大约是……1.2 米。这样比较没那么危险。然后我们还可以进一步算出……"

我拿出手机计算，从 5 米改成 1.2 米，原本背的数据都得重算了。

"被抛的人，往上跟往下的速度和加速度一样，方向相反，所以往上的初速跟落下来的速度相同。落下来的速度是 0.5 秒乘以加速度 9.8 米 / 秒 ^{2}=4.9 米 / 秒，这也是往上的速度。假设把她往上抛的两个人花了 0.25 秒的时间，让她从静止变成 4.9 米 / 秒的速度，等于给了她 $\frac{4.9}{0.25}$ =19.6 米 / 秒 ^{2} 的加速度 (a)。她的体重 48 千克 (m)，所以需要施力

$$zF = ma = 48 \times 19.6 = 940.8$$

这是两个人的总施力，平均每个人的施力就是 470.4 牛顿。"

我眼角瞄了瞄欣妤，她没什么反应，我继续说。

"牛顿不太好想象，我们可以用千克来换算，1 千克是 9.8 牛顿，所以每个人的施力刚好是 48 千克。也就是说，两个人想把一个人抛起来，在空中停留 1 秒，需要的力气刚好就跟被抛的人体重一样。如果想多停留 1 秒，变成 2 秒的话……"

"抛两层楼高。"

欣妤冷不防地吐槽，小昭笑了出来，我硬着头皮讲完。

"停留时间加倍，初速也要加倍，就需要两倍的施力，相当于抛一个体重两倍的人。"

"你们在聊什么啊？"

声音的主人拍了我的肩膀。

他为什么会在这边？！

洞悉各项变量的关系

"阿叉学长是热舞社的，欣妤学姐找他来帮我们看动作。"

"要说几遍我不是学姐。哎阿叉，这杯给你吧。"

欣妤把我多准备的一杯青蛙撞奶递给阿叉，阿叉喝了一口说：

"噢，半糖少冰哎，好体贴。你是孝和的大学同学对吗？上次没自我介绍，我叫阿叉。"

"我叫世杰。"

买饮料给情敌，还被称赞懂得半糖少冰很体贴，我的人生为什么歪斜成这样。在我放空的同时，小昭跟阿叉解释我们刚刚的对话。阿叉点点头又拍拍我肩膀，开心地说：

"你数学蛮好的哎，云方老师一定会很喜欢你。"

虽然是情敌，但他给人的感觉很真很开朗，很难让人发自内心讨厌他。阿叉拿出手机，点开一个竟然可以写公式的APP，他边说边写：

"延续你刚刚的分析，如果都假设往上抛的施力时间是 0.25 秒，也都是两个人抛，假设在空中的时间是 t，g 是重力加速度，可以得到一个人的施力

$$F = \frac{1}{2}ma = \frac{1}{2}m \times \frac{v}{0.25} = \frac{mv}{0.5}$$

"另外，落下来的时候速度会跟抛起来的速度相同，方向相反。在最高点静止，表示经过时间 $\frac{t}{2}$，重力加速度 g 会让速度增加到 v

$$V = \frac{gt}{2}$$

代入上面的算式就能得到

$$F = mgt$$

从式子可以看出有三条规则。

"第一，抛的人固定施力，停留在空中的时间跟被抛者的体重成反比。比起40千克的人，50千克的人只能停留0.8倍的时间。

"第二，抛的人施力是被抛者体重乘上停留时间。停留1秒施力是体重，停留2秒是体重的两倍，依此类推。

"第三，如果力气不够，可以增加底座的人数，假设 k 人，每个人施力 $\frac{mgt}{k}$ 就好。"

"阿叉学长好厉害噢！"

小昭露出崇拜的眼神。这些变量我当初推导时也看过，只是我觉得变量讲解很不清楚，不如直接挑几个例子来看。结果阿叉不但用变量讲得比我清楚，还看出我没察觉的变量之间的关系，推出两条就算不懂原理的人也能参考使用的规则，灵巧地在体重、底座人数、空中停留时间做换算。

"不过，算这个干吗？你们又没有跳竞技啦啦队，不会有这些空中动作不是吗？"

什么？没有抛投吗？所以从头到尾我都搞错了吗？我像一只被丢到地上的金鱼，嘴巴一开一合，却说不出一个字。

"人家很体贴啊，不行吗？喝了人家的饮料还问这种问题。"

意外地，欣好帮我解围，我看了她一眼，她没理我。看起来又不是帮我解围，只是纯粹喜欢吐槽任何人。"我又不知道……"阿叉搔搔头嘀咕。

"好啦，去练习吧。阿叉你再把刚刚那个队形讲清楚。"

小昭跟欣好起身，我也站起来准备离开。

"你们在排怎样的队形啊？"临走前我问小昭。

"我也不太清楚，阿叉学长说这是用斐波那契数列设计出来的等螺旋线。"

小昭笑了笑跟我说："等比赛当天再给你看。"

我走到校门口牵车时，手机传来小昭的信息。

"青蛙撞奶很好喝，自由落体的数学也很有趣，看到你来探班更开心。明天图书馆见。"

明明只有一则信息，我却觉得手机比讲了一小时的电话还烫、还温暖。

10

看完电影为什么
要聊几何平均数

"电影主角说：'数学就像绘画，只是用你看不见的颜色来呈现。'
每一道公式、定理，跟画作一样，都是在表现这个世界。
事实上，电影演员也说，在写数学公式的场景时，
他都把数学公式当作一幅画，重新画在黑板上。"
只不过，这两种把数学公式诠释成画的比喻，有着本质上的不同。
"很多人会看成功人士的传记，想学到成功法则或人生道理。
我觉得不如去看数学家传记，那里头有趣的事情更多。"

地铁上挤满了上班人潮，乘客太多，有些人连玩手机的空间都没有，只能像个蛹一样，把自己缩起来，挂在手把上。我走进车厢，看见赖皮坐在那儿跟我招手，坐在他旁边的中年大叔站起来把位子让给我，身影消失在车厢尾端。

"这样找人头占位子好吗？"

"开什么玩笑，我们可是'地铁地下委员会'，连一个位子都没办法留给客人，那还算什么。"

赖皮哼了一声，接着问我：

"你想从哪里听起？"

"他们昨天几点分开的？"

"十点左右吧，男生送女生到宿舍门口。男生很痴情哎，一直在门口站到看不见女生才肯离开。"

很有世杰的风格，游走在深情跟"变态"之间的灰色地带。

"你的情敌？还是你女朋友'劈腿'？我最讨厌抢别人女朋友的男人了。"赖皮忽然整张脸凑近说。

"不是啦，男生是我好朋友，他在追那个女生，我只是好奇他们约会的状况罢了。"

赖皮一脸不相信，我摇摇头继续说：

"女生叫小昭，她喜欢数学。我朋友世杰卖力地跟我学数学，想靠着这些恶补的数学知识来追小昭。"

如果赖皮的脸上有字幕，那几秒前写的是"骗人"，而现在是"真的假的"。他像想起什么似的，右手握拳敲了左手手掌。

"难怪！他们不时讲什么比例、几何平均数，我还在想是家教吗？但你朋友约会跟你又有什么关系，要特地找我去看？"

我摇了摇头，这下倒有点儿不好意思了。

"我教了那么多数学，从来不知道他在女生面前是怎么用的。这感觉就有点像……老师教学生，却从来没看过学生考试成绩如何，所以才找你帮忙。你觉得咧？他的数学话题讨到了女孩子欢心吗？"

赖皮像口试老师一样思考了几秒。

"及格边缘吧。"

数学家传记教我的事

"他挑的数学家电影蛮好看的。"

世杰和小昭去看改编自印度数学家拉马努金传记的电影《知无涯者》。拉马努金是一位传奇数学家，出身于贫穷的印度家庭，12 岁时独立推导出欧拉公式：

$$1 + e^{i\pi} = 0$$

15 岁时，他拿到一本《纯粹数学与应用数学基本结果汇编》，拉马努金不仅读懂里头六千多道没有证明的公式，还能进一步延伸，发展出自己的公式。

"他在剑桥大学才花了 4 年就变成了研究员跟皇家学院的院士，跟你一样是天才。"赖皮说。

"他那样才叫作天才，我只是比一般人厉害一点而已。"

"第一次听到你这么谦虚，发烧了吗？"

赖皮作势摸我额头，我笑着闪开。虽然我对自己有信心，但拉马努金可是数学历史上难得一见的天才。

我跟他的差距说是无限大恐怕也不为过。

"拉马努金能凭直觉理解各种数学概念。我很同意电影里的一句话：'数学就像绘画，只是用你看不见的颜色来呈现。'每一道公式、定理，其实真的跟画作一样，都是在表现这个世界。事实上，电影里的演员也是用这个方法来诠释数学家的，他说，在写数学公式的场景时，他都把数学公式当作一幅画，重新画在黑板上。"

只不过，这两种把数学公式诠释成画的比喻，有着本质上的不同。

赖皮点点头。

"电影很赞，很多人会看成功人士的传记，想从中学到成功法则或人生道理。看完电影后，我觉得不如去看数学家传记，那里头有趣的事情更多。"

赖皮对自己的话很满意，用指导的口吻跟我说："你也该这样，多教你的学生讲数学家故事，不要一直算公式，那真的太无趣了。"

"真的吗？"

"至少我觉得啦。"

根据赖皮的说法，他们看完电影后，去了附近百货公司楼上的一家日式串烧店。这顿应该花了世杰好几个小时的家教薪水。

"他们坐在吧台，我刻意选在他们旁边。为什么要预约吧台区啊？"

"我朋友觉得约会时比起面对面，两个人坐在同一侧能营造出更亲密的感觉。就算不讲话时，也不会大眼瞪小眼那样尴尬。"

根据我的经验，坐在同一侧算数学也很方便。要是写算式的人坐在右侧，手不会挡到对方，那就更完美了。只是这样根本就是家教跟学生上课的坐法了吧。

"他不讲数学就不会尴尬了。"赖皮叹口气说，"他听女生聊完电影心得后，下一句竟然是：'说到电影屏幕，你知道为什么计算机、手机屏幕的比例都是 16：9 吗？'这跟电影有任何关系吗？退一万步，电影屏幕的比例也不是 16：9 吧！"

我愣住了，前阵子世杰问我这个问题时，我还以为他会等到哪天跟小昭一起用计算机写报告，或在玩手机时才会讲到。

"凭我丰富的观察经验，女生脸上的表情清楚地显示着'惊慌'！"

"不会啦，小昭喜欢数学。"

我心虚地回答。赖皮摇摇手指。

"她当时真的很惊慌，但她很善良，马上就恢复镇定，笑着说不知道，再传球给男生。然后啦，你那位朋友滔滔不绝地解释起为什么屏幕的比例是 16：9。他一开始说，电视屏幕的大小'英寸'是指对角线的长度，以前常见的 4：3 屏幕，如果是 21 英寸屏幕，面积是约 212 平方英寸[①]。如果是现在的 16：9，21 英寸屏幕只有约 188 平方英寸。换算起来少了 11% 的面积。商人为了节省成本，才把屏幕从 4：3 改成 16：9 的。"

我没有讲过这种说法。我一方面感到欣慰，世杰自己去查数据；另一方面也觉得网络世界很伟大，创造出"过去的不确定性"，一件事在网络上往往有不止一种说法。比较起来，我还是比较喜欢我知道的、更数学的说法。

"他后来有补充另一种说法吗？"

"有，他说以前有很多种不同的影片规格，像是 4：3 或 2.39：1。他这样讲我倒是想起来，很小的时候，我看过那种上下两大块黑色区域、只有中间小小一块有电影的屏幕，我以为屏幕坏掉了。"

"对，那就是 2.39：1 的宽比例。16：9 的屏幕，就是为了能够

[①] 1 英寸≈2.54 厘米，1 平方英寸≈6.5 平方厘米。——编者注

在同一台屏幕上最有效率地显示 4：3 与 2.39：1 这两种不同比例的影片所设计出来的。"

"最有效率？"

赖皮发问，看来昨天世杰解释得不够清楚。

"用数学一点儿的话来说就是：**能包含等面积的 4：3 与 2.35：1 的两个长方形的最小长方形比例**。我先举个例子给你看。8 厘米 ×6 厘米是一个 4：3 的画面，10.6 厘米 ×4.5 厘米则是 2.35：1 的画面。两个的面积都是约 48 平方厘米。要把这两个长方形包起来，就要是一个长 10.6 厘米，宽 6 厘米的长方形，10.6：6 的比值约为 1.77，跟 16/9 很接近。"

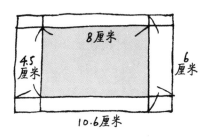

我拿出手机画了一张图。赖皮点点头，然后又摇摇头说：

"像你这样讲清楚多了，昨天你学生一口气就冒出一堆变量。根本听不懂他在说什么。"

世杰一定是直接用变量计算的。4：3 的长方形，假设长为 $1.33x$，宽为 x（4：3 约等于 1.33：1）；2.35：1 的长方形，则假设长是 $2.35y$，宽是 y，然后因为面积相等……我在手机屏幕上写下

$$1.33x^2 = 2.35y^2$$

再把它化简，得到

$$\frac{x}{y} = \sqrt{\frac{2.35}{1.33}}$$

"他是不是写了这个式子？"

我把手机递给赖皮看，他把头凑到屏幕前，看完又把手机还给我。

"好像有点儿像，我记不得了。那时候我只觉得串烧都变难吃了。"

我摇摇头，把算式讲完。

"能包住 4∶3 的长方形与 2.35∶1 的长方形的最小长方形，必然长是 $2.35y$，宽是 x，因此可以得到它的长宽比 $\frac{2.35y}{x}$，再把 x 用 y 表示，为 $x = \sqrt{\frac{2.35}{1.33}}\,y$，再把它代入 $\frac{2.35y}{x}$，可以得到

$$\frac{2.35y}{x} = 2.35 \times \sqrt{\frac{1.33}{2.35}} = \sqrt{1.33 \times 2.35} \approx 1.77$$

长宽比为 1.77，也就是 16∶9。"

"这个 $\sqrt{a \times b}$ 就是几何平均数，对吗？"

赖皮指着屏幕问。

"对，他有讲到这个？"

"有噢，他可得意了，好像是他发明的一样，还一直说'记不记得以前一定会考的算术 – 几何平均值不等式：算术平均数大于几何平均数？就是这个噢''我们以为几何平均数一点儿用都没有，原来 16∶9 屏幕比例就是被它决定的呢'。我才不想知道这些，我只知道啊，吃

烧烤不管加什么，几何平均数一定是最烂的作料。"

"这不是几何平均数的错，是他讲得太烂了。后来还讲了什么吗？"

"嗯，他就又补充了一些，什么如果用 16：9 屏幕看的话，不管是 4：3 或 2.35：1，浪费的部分都一样多，大概都是——"

"25% 左右。"

"很好，拜托不要告诉我计算过程。你说他要靠数学追那个女生。不是我说噢，那女孩蛮可爱的，看起来应该很多人追。真的有机会吗？"

赖皮用怀疑的眼神看我，地铁抵达终点站，其他人都下车，刚上车的人纷纷瞄了瞄没有起身的我们。

"之后可能要再靠你帮忙了。"我叹口气苦笑。

11

逛街时遇见三角函数与优化

"你必须要非常理解一个道理，才能讲解得深入浅出。
你对很多数学知识的理解只停留在表面，
所以只能用'别人的话'来解释，不是自己的语言。"
孝和把课本翻到习题那页说：
"'觉得上课听懂'跟'会做习题'是两回事。
讲解到别人能懂，又是另一回事。
你啊，还是乖乖地举例讲清楚就好了，
否则只会让小昭看破你数学不好。"

　　如果有航拍机由上往下看，那就会发现台北的信义商圈像个由百货公司构成的大峡谷，人群在峡谷底部踏青，观赏橱窗景致，度过周末下午的悠闲时光。12月的行道树有些已经装上了灯饰。我远远看见小昭，她身穿牛仔裤跟粉色毛衣，外搭暗红色牛角扣外套，手插在口袋。我讨厌转头看她的路人，恶心、变态、没礼貌；同时觉得没注意到她的路人迟钝无比。

　　前几天我跟小昭传信息，聊到期末报告要穿正式服装。
　　"得找一天去挑西装跟衬衫，偏偏我对这个最不在行了。"
　　"我陪你去啊，不是我说，我挑东西眼光很好噢。"

　　"如果她眼光很好，你才该担心。"
　　我像只雷龙一样反应迟钝，隔了几秒才意识到孝和在讽刺我。他重重叹了一口气，大概有3级阵风的强度。
　　"你不要因为之前看到阿叉把很难的数学讲得很清楚，就想有样学样。你和他的数学'解释'能力差太多了。"
　　孝和双手一高一低，那高度差都可以让人耳鸣了。他说的是两件事：探班啦啦队比赛，阿叉用变量解释了我讲不清楚的公式；我跟小昭看电影，我在烧烤店，嗯，证明屏幕比例是从几何平均数来的。
　　我的确是不想输给阿叉才刻意那么做。
　　当时我也觉得好像有那么一点儿过分，店员都用嫌恶的眼神看我，但推到一半了，怎么能忽然说"哎，其实我觉得这个超无聊的"，然后把笔放下改拿烤鸡肉串呢？
　　"你必须要非常理解一个道理，才能讲解得深入浅出。很多数学知识你只是听我讲过，或是在网络上查到，还停留在很表面的理解。

所以你只能用'别人的话'来解释，不是自己的语言。"

孝和把课本翻到习题那页说：

"好比说觉得'上课听懂'跟'会做习题'是两回事。讲解到别人能懂，又是另一回事。你啊，还是乖乖地举例讲清楚就好了，不要想一步登天，还想讲解公式含义，这样只会让小昭看破你数学不好。"

我被他说得有点儿担心，小昭这么喜欢数学，会不会……其实早就看穿我了呢？

她没否认是我女朋友！

"这件很合身很好看，裤管也刚好。女朋友觉得呢？"

"我觉得蛮好看的啊。"

"女朋友都这样说了。"

现、现在发生什么事了？我回顾过去几分钟发生的事情：首先，我跟小昭来到一间专柜，我挑了一件深灰色的西装去试穿，店员尽责地不管怎样都说好看，并且误会小昭是我的女朋友。然后本世纪最重要的事件发生了，小昭没有否认？！

我心里闪过"难道小昭有抽回扣"的想法，但马上在脑海里跟小昭下跪道歉。

"那我买这套。"

"等等等等，我们再考虑一下。"

我的女朋友小昭连忙阻止，店员脸上闪过可惜的表情，瞬间又专业地接过衣服。

"我听说男生买东西都很快就决定，没想到是真的。"

"因为你说好看嘛。"

"说不定别的更好看。再去其他家逛逛，没有再回来买吧。"

我们走出店家，小昭继续说。

"对女生来说，买衣服的规则是：在附近 N 家店中，找到一件最适合自己的。但对男生来说，规则好像是：在最短时间内，找到一件适合自己的程度超过某个值以上的衣服。追求的优化目标完全不一样。"

我想起之前跟孝和聊读书计划时也有过类似的讨论，人生到处都充满优化。不过优化什么的此刻一点儿都不重要，我只想知道小昭刚刚为什么不否认是我女朋友啊？

服饰店里的数学情境

我们陆续逛了几家店，再也没有店员像之前那位一样称小昭为"你女朋友"，我也没有机会重提这件事。

"我发现我好像特别适合某一两家店的西装，试穿感觉都蛮好的。其他几家的就怎么穿都觉得怪怪的。"

"可能是剪裁的问题，每一家店都有自己剪裁的风格。这件我觉得就不错啊。"小昭对着镜子里的我继续说，"也可能是灯光跟镜子大小的关系噢。"

"灯光？"

"有些店灯光柔和，看起来气色比较好。有些会用狭长的镜子，让人产生自己比较瘦的错觉。女生是很讲究感觉的生物，虽然购物时很精打细算，但只要一看到喜欢的衣服，回过神来就已经在柜台了。"

"原来是这样啊……"

我注意到镜子底部微微往外倾，上端往后倾，一个念头闪过。

"镜子倾斜角度可能也有关系。"

"什么意思？"

"假设镜子倾斜 15 度好了，投影出来的人，我记得以前物理教过，就是两倍的镜子倾斜角度，是 30 度。所以是一个往后仰 30 度的自己，脚跟离我们最近，头顶离我们最远。学三角测量的时候我们知道，一个物体离我们越近，看起来越大，离我们越远，看起来越小。因为脚离我们最近，上半身一路到头逐渐变远。连带地，我们的腿跟上半身的比例就会比平常要来得更大，意思就是腿会看起来更长，比例更好。"

我正准备列式子算算看"镜子倾斜 x 度时，人的腿长比例会提升 y%"，忽然想起孝和的告诫，还是不要做没把握的复杂解释，好好用例子讲解。

"比方说，如果 10 米高跟 100 米高的建筑物都在我们前方 1 千米，我们看起来它们的高度是 1：10。但如果把 10 米高的建筑物往前移到距离我们只有 500 米的地方，那它的视觉高度就相当于 20 米的建筑物在距离 1 千米的地方，高度比顿时就变成只有 1：5。倾斜的镜子大概就有这样的影响。"我边想边说。

"对哎，你好厉害噢。我逛街这么久第一次知道这个道理。难怪我常常会觉得有些裤子明明在店里看起来腿好长，但回家穿又还好。"小昭边说，边左右观望，趁店员不注意时偷偷把镜子推回正常角度，我赶忙闪到一边，我可不想让自己长腿的错觉在小昭面前破灭。

"你看，店员跑去把镜子弄回倾斜状态了。"

结账队伍中，小昭拍拍我，指着试穿区小声说。

"还不是你恶作剧。"

"我想验证一下你的理论嘛。"

两人的感情因为一起做坏事而升温，我以为这种事只有在《投名状》那类的电影里才会发生。我看了看在店里走来走去的店员，脑袋里某个抽屉又嘣的一声弹开来。

"一家服饰店里，该有几位店员呢？"

"什么意思？"小昭用不解的口吻问我。

与其说是回答给她听，我更像自言自语："店员的薪水是开销，应该越少越好。但又不能太少，理想中店里的每个角落都要能被某一位店员看到，这样才可以实时服务客人，监视小偷。所以店面的大小、形状、陈列架的摆设会不会制造出很多死角，都会影响店员的数目。我记得以前孝和讲过——咳，以前看过。"

小昭似乎没听见我刚不小心讲出孝和，我继续说："有个叫作美术馆问题（art gallery problem）的数学经典问题，讨论假如美术馆有好几个展间，该在哪些位置放警卫，才能用最少的人力确保每件作品都能被监视。说不定，服饰店的店员数目问题也可以用这个方法去解决。"

我边说边拿出手机查资料，小昭也跟着拿出手机，我们低头在队伍中前进，看了看资料后我发现好像不太对，我修正："美术馆问题里的警卫是静止的，但是在服饰店，店员可以自由走动。而且如果有客人来找店员，店员会被占用，他原本负责的区域就要由其他店员来帮忙。所以这会是一个在空间和时间上都是动态的优化问题，不仅跟店里的大小形状有关，同时也跟客人数目、客服处理的时间、店员走路的速度有关。我刚查了一下，有另一个问题叫监视者问题（watchman problem），是讲一个可以移动的人，要在最短路径下巡查所有的区域。它可能也跟这个问题有关。啊，不好意思，讲得太投入了，而且都只是说说，没有把答案算出来。"

不知不觉间竟然讲了一大堆，完全没有顾虑到小昭的心情，我有点不好意思。

小昭对我嫣然一笑，摇摇头说："你好厉害噢，一下子就能将现实情境跟数学问题连接在一起。"

我不好意思地笑了笑，被小昭赞美数学比被赞美穿西装好看更开心。轮到我们结账，我顺便问店员："请问你们店里是怎么决定店员的数量呢？"

"老板排的，热闹的时段人多一点，冷清的时段人少一点。"

"多跟少各自是多少呢？"

店员愣了一下，这可能是他第一次被问这个问题吧。

"我也不知道哎，应该是看老板经验来决定吧。"

"说不定老板懂得监视者问题和美术馆问题。"我小声跟小昭说，她笑得很灿烂。其实今天除了买衣服，还有一个更重要的目的：我想约小昭一起跨年，现在气氛正是发问的时机。但正当我吸了口气鼓起勇气，小昭的声音先一步传进我耳朵。

"跨年……要一起去旅行吗？"

第三部

数学告白大作战

12

超展开数学旅行团 I

"排队排到比较慢的队伍不是运气差，
本来概率上就是比较可能发生的事。"
阿叉插嘴解释。
"有两种说法。第一种是最快的队伍只有一条。
N 条队伍中只有 $\frac{1}{N}$ 的概率会被排进去。
其他时候你都会看着别的队伍往前走。
另一种说法是比较慢的队伍人数比较多，
所以当你随便被分配到一列队伍，进入慢队伍的概率比较高。"
"阿叉的数感进步很多哎。"
积木发出赞叹。

"你不觉得，你高中同学都是，"世杰停了几秒寻找合适的措辞，"很有特色的人吗？"

他的视线落在积木的后脑勺。在美国念书的积木，利用圣诞节和元旦的长假回台湾。

"一般大学生不会开 BMW X7 系列吧。"

"你很没礼貌噢，积木怎么会是一般大学生。"

欣妤从副驾驶座回头骂人，她接着说："积木是几年后要继承家族集团的精英，'一般'人不会用'一般'来形容他吧。口渴吗？"

欣妤前后两句的语气大概有十度温差，她把保温杯凑近积木嘴边。喝完水，积木对照后镜说："你是欣妤的朋友吗？"

"朋友吗……算是吧。"我开口解释，欣妤补上一句："也是小昭的'好'朋友。"

"'好'干吗放重音？"

小昭出声抗议。欣妤问世杰："世杰你希望我放重音还是不放重音？"

世杰支支吾吾，小昭脸红了起来，拍着副驾驶椅背："欣妤不要闹啦。"

我们在高速公路上，积木的驾驶技术很好，或是 BMW 车子很好，也可能两者都是。没有人意识到车子正以三位数的车速南下。

目的地是台南。

从塞车聊到小吃店的超展开数学成员

"长假出来果然会塞车。"

约莫两小时后，前方车子纷纷减速，我们陷入车阵当中。世杰坐在后座正中间，他身子往前探，看了看说："要不要换到左边的车道，那边好像比较快一点儿。"

"不用，过一会儿两边就平衡了。"积木摇头解释，"前方车辆会注意到左车道比较快，有很多跟你想法一样的人会往左切。左边车道的车子变多，我们车道的车子减少，两边车速就会趋近平衡。"

"甚至有时候会发生类似欠阻尼（underdamping）的现象。"我补充一句。

"那是什么？"世杰问。

"你数学不是很强？"欣妤吐槽后解释，"太多人往左切，造成左车道不但速度减缓，最后比我们的车道还慢。左车道的人看到这样，又有一些人往右切，把我们的车道速度降慢。再一些人往左切，来回震荡好几次，两边车速才会平衡。这就叫作欠阻尼，或是过度震荡现象。"

从窗外望去，仿佛是刻意要验证我们的理论，左边的车子逐渐减速。

"看吧，积木我厉害不厉害？"欣妤得意地说。

积木点点头，我有种回到辅导班教室的感觉。

"欣妤为什么不跟着积木出国念书啊？"世杰发问。

"对啊，你们那么恩爱。"好像在合作反击，小昭跟着附和。

"你们没听过小别胜新婚吗？"欣妤回答。

"半年不算小别吧。"世杰说。

"什么时候轮得到你来定义'小别'的时间有多长了？"

世杰摸摸鼻子，很难有人斗嘴能赢欣妤。积木缓缓踩下油门，用仿佛讲别人事情的口吻说："欣妤从高中就去养老院帮忙，几位老爷爷老奶奶对欣妤很好，她舍不得离开他们太久，一年后等我在国

外一切都安顿好，她就会来了。"

"好有爱心噢。"小昭跟世杰异口同声。欣好跟小昭说"哪有"，再眯起眼睛对世杰说"关你什么事"。世杰一脸错愕地看着我，我只能耸耸肩，对他受到的差别待遇表示遗憾。

下午抵达台南，我们（正确地说是积木）包下整栋民宿。

"孝和跟世杰睡楼下左边，我跟积木睡楼上左边那间，小昭睡楼上右边那间。"欣好分配房间。

"我为什么不能自己睡楼下右边那间？"

面对世杰举手发问，欣好回答："可以啊，一个晚上 4200 元[①]加一成服务费。"

"空着也是空着……"

世杰嘀咕，原本以为是和小昭的两人跨年之旅，现在变成一群人，他心里一定很不是滋味。

在民宿休息片刻，我们外出"觅食"。在台南找美食一点儿也不难，只要看哪里有排队人潮，接上队伍尾端就好了。

"用数学语言来说，就是人潮与好吃程度成正相关。虽然当地人可能不这么认为。"

我们此刻在一家生意非常好的店，仿佛全台南的观光客都挤来这里，店里开了好几个柜台，有三四条大排长龙的队伍。

"听说有很多店是被炒作起来的，当地人常去的小吃摊反而藏在小巷子里，观光客都不知道。"

"被守护的店家不会感到无奈吗？明明做得比较好吃，却被当成

---

① 本书中的"元"指的均为台币。——编者注

秘密而无法生意变好。"

接着世杰的自言自语,积木说:"所以不太可能这样,比较可能的模式是:有一家店很好吃,然后好吃跟名声成正相关,人潮增加。生意变好对店家来说是个考验,一天做 10 份跟一天做 1000 份,要维持同样的质量,是完全两件事。后者牵扯到更多的系统化管理,包括备料等,不能只凭直觉去做。某些店家通过考验,进入新的阶段,成为历史悠久的名店。有些店家无法通过这个阶段,只靠过去的名声支撑,渐渐走下坡。同时,又有一群人不喜欢人多的餐厅,他们发掘新店家,重复刚刚的过程。"

"不愧是集团接班人,竟然在排队的时候上起企业管理课。"

"这跟'彼得原理'有点像:在企业中,员工会因为表现好而被升职,一直升到他的能力无法负荷的位置,所以公司里每个人都处在不适合自己的职位上。餐厅也是,因为表现好而生意增加,直到无法负荷。公司比较不容易开除员工,但客人很容易流失。所以长期来说,餐厅终究会回归到它最适合的规模。"

欣妤勾着积木的手说:"我记得 2010 年的搞笑诺贝尔奖的一位获奖者还提出随机升职员工,平均来说这是对公司最好的策略。这里面用了统计物理的分析。"

我们一言一语讨论起来,脚步随着队伍前进。一阵子后,我注意到世杰跟小昭都没说话。我用眼神询问,世杰小声跟我说:"你们这群人对话都这样的吗?排小吃摊的闲聊也要这么数学吗?"

"你到现在还是没看《超展开数学教室》对吧?"

世杰摇摇头,然后像是想起什么似地说:"不过我有几次在地铁上看到有人在看。"他看看左右,"运气真差,别的队伍都比我们前进得快,这跟开车不一样,又不能变换车道。"世杰说到一半停下来,

用迟疑的口吻问："这该不会也有数学可以解释吧？"

"没错，因为——"

"好巧噢！！！"

熟悉的声音，世杰的表情静止了，我转头一看，阿叉拨开人群走过来。

"我们还没去民宿，想说先来买吃的，结果就遇到你们。积木好久不见！"

阿叉跟积木和欣好热烈地聊了起来，小昭看到阿叉似乎也很开心。

"原来空房是因为阿叉，还有比这个更衰的事吗……"世杰小声地呢喃。

"嗨，你也加入我们的数学旅行团吗？"

阿叉转过来跟世杰打招呼，世杰嘴角像是挂了刚刚吃的小卷，沉重到无法做出微笑的动作。

"我来介绍一下，这位是我女朋友商商。"阿叉继续说。

世杰瞬间恢复精神。

"你女朋友？！"

"对啊，他们没跟你说吗？现在的女朋友，几年后的太太。"

世杰露出比商商还灿烂的笑容。

"每次看学长跟商商姐都觉得好登对噢。"小昭说。

"我跟积木呢？应该更登对吧！"

话题逐渐往恶心的方向偏去，我赶紧拉回来。

"世杰，你刚说我们运气很差，排到比较慢的队伍对吗？"

"不是运气差啊，本来概率上就比较可能会排到慢的队伍。"阿又插嘴解释，"有两种说法。第一种是最快的队伍只有一条。N 条队伍中只有 $\frac{1}{N}$ 的概率会被排进去。其他时候你都会看着别的队伍往前走。另一种说法是比较慢的队伍人数比较多，所以当你随便被分配到一列队伍，进入慢队伍的概率比较高。"

"阿叉的数感进步很多哎。"积木发出赞叹。

在神社里算数学

吃饱后，我们到处晃晃，晚上来到林百货的顶楼神社，大家聊起高中毕业旅行。那时候同样在积木的赞助下，我们跟云方老师一起去了日本关西的大阪、京都。

"老师一直说要去北野天满宫，我们原本以为他想去，是因为那是供奉'教育之神'的神社，搞半天才知道他是想去看数学题目。真的很夸张。"

阿叉讲起这段往事，大家都笑了，我跟世杰和小昭解释："日本有些神社里会挂匾额，上面写着数学题目。"

"挂数学题目？"小昭似乎觉得非常不可思议。

商商热爱历史，对于这段日本特有的和算文化也很了解，她难得主动开口说："日本江户时代的数学，就像围棋、茶道一样，有分流派，数学家彼此之间也会竞技较量。方法就是把自己设计的数学题目，奉纳在神社里。将想奉献给神明的物品以画的方式呈现，是日本的习俗。数学家最宝贵的当然是自己呕心沥血的数学作品。其次，神社人来人往，当其他数学家造访这座神社时，就可以看见自己出的题目，来一场数学较量。"

世杰跟小昭听得目瞪口呆。

"这样的匾额叫作'算额'，出题数学家会回来批改大家的解答。解出来了，会在解答上写下'明察'。日本各地现在有九百多块算额，大多是几何题目。"

"为什么？"

"详情我也不太清楚，或许是因为几何作图兼具美感吧。光是上次我们去的京都北野天满宫，就有两幅算额。可惜不是每个神社人员都知道算额多珍贵，它们兼具文化、数学、艺术的价值。很多算额并没有保存得很好，天满宫有一幅算额甚至是在某一幅画剥落后，才露出底下的数学内容。"

"啊——讲得我好想再去一次日本噢。"

阿叉伸出手搂着商商："积木再安排一次日本之旅吧，找老师也一起去。"

积木点点头，对世杰和小昭说："你'们'也可以一起来噢。"

"哈哈，'们'这个字是故意放重音的吗？没有复数就不能一起噢。"

阿叉笑得很大声，跟在辅导班教室里的画面一模一样。

只是嘲笑的对象从老师，变成这对暧昧中的小两口儿了。

13

超展开数学旅行团 II

积木用烹饪节目主持人的口吻讲解温泉蛋制作流程，他按下秒表。

"首先，将 7 颗蛋整颗浸泡在沸水中 3.5 分钟。"

秒表响起，他把鸡蛋捞到有冰块的水盆里，第二次按下秒表。

"等 20 分钟。"

"就可以吃了吗？"

"还要放在 62 度的温水里 30 分钟，最后再用冰水浸泡。

数学家葛立恒曾说过，

数学的最终目的就是不需要聪明才智的思考，

用在烹饪上也是一样的道理，不需要大厨也能做出一手好菜。"

清晨七点，我被咖啡香味唤醒。小昭在帮大家做早餐吗？好贤惠。这次算你们幸运能一起吃到，以后只有我能独享。

"啊，是你……"

"早安。"

穿着围裙的积木跟我打招呼。

"在国外住久了，三餐习惯自己料理。一开始最不习惯的就是单位。"

"单位？"

"美国不是用公制单位，所以像他们的重量单位是磅和盎司，容量单位是盎司和加仑。温度单位就是我们熟悉的华氏度。"

我是在星巴克学到盎司这个单位的，但1盎司对应多少克还真的没想过。

"1磅约是0.4536千克，1盎司约是28.35克。如果是容量的话，1盎司是29.57毫升，1加仑约是3.785升。星巴克大杯是16盎司，大约是473毫升的容量，比一般饮料站的中杯500毫升要小一点。"

我边听积木讲解，边喝了一口黑咖啡，嗯，咖啡因一定很够，否则一早听到这么多数据，我都要睡回笼觉了。电炉上有锅水在沸腾，旁边还有两锅水，一锅放满冰块，一锅里插了温度计。

"这么多温度不同的水，是要做生物课实验吗？"

你知道的，一手放进热水，一手放进冰水，隔一阵子后再同时放入温水中，此时一手觉得热，一只手觉得冷。积木困惑的表情告诉我，他不懂我在说什么。

"我要做温泉蛋。你看过 *Modernist Cuisine* 这本食谱吗？中文版书名是《现代主义烹调》，是微软的前CTO内森·梅尔沃德（Nathan Myhrvold）写的，用科学的方式介绍烹饪，包括偏微分方程式，有些地方还得用专业数学软件辅助计算。"

积木用烹饪节目主持人（不是杰米·奥利弗的热情风格，而是比较接近 20 世纪 60 年代"老三台"[①]的感觉）的口吻讲解温泉蛋制作流程。他按下秒表。

"首先，将 7 颗蛋整颗浸泡在沸水中 3.5 分钟。"

秒表响起，他把鸡蛋捞到有冰块的水盆里，第二次按下秒表。

"这次要等 20 分钟。"

"然后就可以吃了吗？"

"还要放在 62 度的温水里 30 分钟，最后再用冰水浸泡。然后，用汤匙背面敲破蛋壳。"

我转头看看时钟，这时间都够我回去做一个梦了。难怪他得七点起来准备早餐。

"温泉蛋好好吃噢！"

早餐桌上，所有人对积木的数据派温泉蛋赞不绝口，特别是小昭，吃的时候还露出了幸福的表情。

"可以再跟我说一次那本书的名称吗？"我改变想法，小声问积木。

"我寄一套给你吧。"

积木用汤匙背面敲着蛋壳说："数学家葛立恒（R. Graham）曾说过，数学的最终目的就是不需要聪明才智的思考（The ultimate goal of mathematics is to eliminate all need for intelligent thought），用在烹饪上也是一样的道理，不需要大厨也能做出一手好菜。"

---

① "老三台"指台湾地区在 20 世纪六七十年代创办的三家无线电视台。——编者注

镶嵌的艺术

早餐吃饱后，我们四处逛逛。半天下来，我觉得一座城市的价值不在于有几座摩天大楼或几家华美的百货公司。一座伟大的城市，应该在发展的同时也尊重过去的历史。穿梭在新旧建筑交错的街道，我感受到台南的文化就像树根一样，在看不见的地方生长蔓延。

"你的意思是，就像音乐背后的数学式子一样吗？"

我跟孝和走在队伍的最后面，他给了一个破坏气氛的答复。他继续说：

"数学家西尔维斯特（J. Sylvester）曾说过：'难道不能称音乐是数学的感性，而数学是音乐的理性？（May not music be described as the mathematics of the sense, mathematics as music of the reason?)' 五线谱就是以频率形式表达时间的波动。你记得信号与系统课期中考试提的'傅里叶变换'吗？就是在讲这个啊。"

"考完的东西没有必要浪费大脑空间记着。"

"不失为一个跟小昭的聊天话题？"

"也是，算是破坏'文青'氛围的赔偿费。"

大家在前面停下来，他们在讨论一间老屋的铁窗花。

"磨石子地板、马赛克砖墙、铁窗花，我好喜欢这些上个世纪的风格。"小昭兴奋地说。对嘛，这个喜好不是正常多了吗，干吗要喜欢数学？

她看见我跟孝和走过来，继续说："这里面用到好多几何元素，透过艺术呈现数学另一个样貌，好棒噢。"

好吧，这才是我认识的小昭。商商用手机拍照，手机上的扭蛋公仔晃啊晃，看起来好像是……拿着蛇矛的张飞？她对小昭说："那你会喜欢土耳其，那里到处都可以看见所谓的'阿拉伯花纹'。"

"啊！老师以前在课堂上说过的那种，利用白银比例可以做出来的花纹吗？"

阿叉发问，商商点点头，用手机找了几张阿拉伯花纹给我们看。我确定公仔真的是张飞跟他的蛇矛没错。为什么这么，嗯，可爱程度仅次于小昭的女孩会用这种吊饰？小昭凑上去看，她问：

"白银比例是什么？又在这个花纹里的哪里呢？"

"白银比例是 $\sqrt{2}:1$，大约是 1.414，它藏在这些菱形中，每一块菱形的两条对角线，比值都是 1.414。然后你看这几块几何图案会形成一个正八边形，它的对角线长度跟边长比值，也是 1.414。"

"白银比例，就像树根一样在阿拉伯花纹底下生长、蔓延。"

阿叉对我眨眨眼。他什么时候听到这些的！欣好把手机放到大家面前，说："我觉得阿拉伯花纹太复杂了，我个人还是比较喜欢用黄金比例做出来的彭罗斯镶嵌 [①]。"

欣好手机上是一张复杂但规律的几何图形，仔细一看，阿拉伯花纹里藏了很多正八边形，但欣好说的彭罗斯镶嵌是很多正五边形。我说："黄金比例的值是 $\frac{(\sqrt{5}-1)}{2}$，趋近于 0.618，恰恰是正五边形的对角线与边长比值。"

所有人都往我这看过来，好像我刚做了什么很奇怪的事。

小昭露出钦佩的眼神，阿叉发问："然后呢？"

"没……然后了？"

"彭罗斯镶嵌看起来是由两种图形组成的，这两个图案跟黄金比例有什么关系？"

---

① 彭罗斯镶嵌，简单来说就是一个铺地砖的问题：存在一组地砖，它们中的任何一个单独拿出来都没办法铺满地面，但组合在一起就能铺满，且图案绝不重复。——编者注

阿叉指着手机屏幕，我眯起眼睛一看才发现，整张复杂的镶嵌全部都是由两个基本图案构成。我支支吾吾答不出来，欣好在旁打岔："这两种图案叫作飞镖（dart）与风筝（kite），它们的长边与短边比值就是黄金比例，阿叉的问题太简单了，世杰不屑回答。"

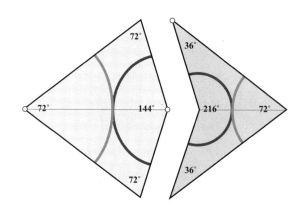

"说起镶嵌，还是埃舍尔[①]的创作独一无二。"孝和开口说。

所有人都纷纷点头。我感觉自己不小心闯进品酒会，每个专家都说这支酒很棒。"我也很喜欢埃舍尔。"

我边跟着点头边跟小昭说，她瞪大了眼睛，不知道我跟她一样其实什么都不懂。

我们一行人走进一家计时收费的咖啡厅，墙边摆满各类日文和英文杂志，从自助饮料区拿饮料就位后，大家继续刚刚的埃舍尔话题。我在一旁偷听欣好跟小昭解释什么是"镶嵌"。

"镶嵌就是用一种或好几种几何图形来铺满平面。像以前学校

---

① 莫里茨·科内利斯·埃舍尔，荷兰版画家，因其绘画中的数学性而闻名。——编者注

教室的地板有很多正方形，就是用正方形做镶嵌。彭罗斯镶嵌是用飞镖与风筝来镶嵌。埃舍尔厉害的就是他用来镶嵌的不是几何图形，而是鸟、蜥蜴等各种动物。"

我用手机搜寻埃舍尔。"好强！！！"我发自内心地赞叹，第一次看见这么惊人的艺术创作，几只一样的蜥蜴紧紧贴在一起，毫无缝隙。

"真的跟数学有关吗？"

"我不知道埃舍尔有没有用上数学，不过普通人一定要计算，才能做出镶嵌画。"孝和用从柜台借的纸笔，边画边解释。

"将正方形等分成四个区域。再从大正方形的正中间切割，**切割的线段每经过一个区域，就要同时在其他三个区域做出对应的分割线段，画出它们的'镜像'。**"

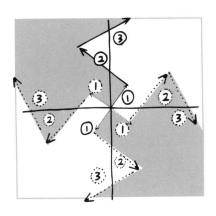

他从中心画了一条往右上的线段，接着把纸张旋转90度、180度和270度，各画出一条一模一样的线段。四条线以互相垂直的姿态，从中心往外扩散。孝和用类似的方法继续画，边说："你们看，镜像

限制了图形的发展，也因为这样的限制，设计好的图形得以彼此镶嵌。虽然看起来有四条从中心点出发的线，但其实我们只设计了其中一条。往另外方向延伸的其他三条都是因为镜像自动产生的。埃舍尔的镶嵌画就是以此为基础，加上一点艺术细胞，以及更复杂的数学所完成的。小昭想试试看吗？"

才短短几分钟，孝和就画出一张虽然艺术感完全不能跟埃舍尔比拟，但看得出影子的作品了。孝和将笔递给小昭，小昭认真研究孝和的做法，跟着一笔一笔地画。我站起来走向柜台，跟他们再要了几张纸，想起早上积木跟我说的话。

数学的最终目的就是不需要聪明才智的思考。

14

赛局爱情建议：
主动出击

"两个人会不会在一起，不仅要看她喜不喜欢你，
你有多喜欢她也很重要。
有很多状况是男生很喜欢对方，一直追求，女生就会答应了。
就好像两个人如果平均有 60 分的喜欢就能在一起。
只要你有 99 分的喜欢，就算她只有 21 分，
这样平均也有 60 分啊。"
"21 分能算是喜欢吗？"
"可以啦，负分才算是讨厌。"
我迟疑了几秒，还是说出了想法：
"不应该用算术平均数，几何平均数比较合理。"

　　旅行回来，名为"时间"的列车继续往前行驶，车厢里的电子广告牌显示马上要抵达"期末考"这站。这天晚上，我、阿叉和世杰三个人在咖啡店念书。

　　"再套基尔霍夫定律就可以解出来了。"

　　"原来如此。"

　　"啧啧，连其他学校的'考古题'都会解，课本明明不是同一本。"

　　我在教阿叉算他们系的"考古题"，世杰在旁边看得津津有味。或许是刚搞懂一题，阿叉心情很好，他张开双手用夸张的语气说："知识是不会被学校框架束缚的，恋爱也一样，你不也是喜欢不同学校的女生吗？"

　　"这跟那是两回事吧。"

　　旅行后，世杰和小昭没有进展，反而跟阿叉变成好友，有时候还自己约去打球、打游戏。今晚念书也是阿叉问我："教我电路学，顺便找世杰一起吧？"

　　对此我不意外，说到底朋友就是一群频率接近的人，如果我跟世杰相似，我跟阿叉相似，数学上的"传递律"在这边似乎也能派上用场。

$$a=b，a=c，所以 b=c$$

等等，好像不太对。更精确地说，朋友的关系应该是：

$$a \approx b，a \approx c，这不代表 b \approx c$$

"近似"不像"等于"一样是有传递律的。比方说，$2.4 \approx 2$，$1.6 \approx 2$，

但 2.4 跟 1.6 相差了 0.8，两者的距离被拉远，不一定符合近似的定义了。难怪一个团体里，不一定所有人都很投缘，而是以一两个人为核心，大家跟他们近似罢了。

"孝和在干吗？"

"想数学吧，你没看到他头上有个黄灯闪闪发亮吗？正在全速运转。"

"这么说上辅导班时也有过这种状况，我们老师跟他两个人较量数学，那时候真——"

"刺激吗？"

"坦白讲当时觉得有点无聊。"

"哈哈哈。"

我瞪了他们一眼，心想，说不定比起我，这两个人彼此更相似。

又见几何平均数

雪客屋咖啡店用啤酒杯装冰拿铁，绵密的奶泡覆盖杯口，就像啤酒泡沫，大口喝下去非常畅快。阿叉发出畅饮啤酒后的满足声。

"啊，所以啊，世杰你现在打算怎么办？"

这个问句没有宾语，但我们都很清楚阿叉在说什么。

"我也……不知道。我们很要好，可是好像中间总是有一条线跨不过去。我原本以为小昭搞不好喜欢你。"

"这也不是没可能，对不起。我不是故意的。"

阿叉鞠躬道歉，世杰骂了声脏话继续讲。

"现在确定没有这回事，可是那条线还没消失。所以我觉得还不能摊牌。"

"摊牌，讲得好像要单挑。"

"告白啦。"

"'线'到底是什么？你们不是很常约会、讲电话吗？"我插嘴问世杰。

"是啊，可是我常常会觉得我们不够了解彼此。"

"例如她不知道你数学很差？"

世杰叹口气回答：

"对啊，如果她知道我其实一点儿都不喜欢数学，一定会很失望。就像哪一天我忽然说，其实我一点儿都不喜欢打游戏，每次都是为了陪你们才打的。"

"我会觉得很感动。"

世杰定格了一秒，他没想到阿叉会这样回答。

"两个人会不会在一起，不仅要看她喜不喜欢你，你有多喜欢她也很重要。有很多状况是男生很喜欢对方，一直追求，女生就会答应了。就好像两个人如果平均有 60 分的喜欢就能在一起，只要你有 99 分的喜欢，就算她只有 21 分，这样平均也有 60 分啊。"阿叉安慰他。

"21 分能算是喜欢吗？"

"可以啦，负分才算是讨厌。"

我迟疑了几秒，还是说出了想法：

"不应该用算术平均数，要用几何平均数比较合理，99 分跟 21 分相乘开方的结果只有 46 分。"

"啊？"

世杰跟阿叉同时发出疑惑的叹词，我问阿叉：

"你想想看，两个人同样都对彼此有 60 分喜欢，比如你刚刚举的例子，他们的算术平均数——相加除以二，都是 60 分，但反映出来的状况一样吗？"

阿叉摇摇头，很明显，对彼此都有 60 分喜欢的男女，一定比一个很爱而另一个没什么感觉的男女更容易在一起。

"许多交友网站会让会员填写问卷，问题不仅有自己是怎样的人，还有希望另一半是怎样的人。根据答案，网站再去计算每一个会员与数据库里的异性彼此的速配指数，速配指数包括了'女方是否为男方的理想情人'，以及'男方是否为女方的理想情人'。"

"就像金城武是很多人的理想情人，但应该很少人是他的理想情人。"

我有点讶异阿叉没用自己当例子。

"或是我。"

阿叉耸耸肩——这才是我认识的阿叉。我继续说下去：

"最后的速配指数就是这两个'理想情人指数'的几何平均数，而非算术平均数。讨论几何平均数时从这个话题切入，应该比屏幕大小有趣点吧。"

世杰狠狠瞪了我一眼，阿叉知道有好玩的故事，立刻追问下去。

"上次有人在烧烤店推导几何平均数……"

主动的人比较容易获得

"其实你也不知道小昭怎么想的，男生还是主动一点儿吧。"

阿叉提高音量，用手指关节敲桌面，服务生的视线往我们这桌投射。

"盖尔和沙普利说过，主动出击的那方才有机会摘下甜美的恋爱果实。"

"谁？"

"两位美国经济学家兼数学家。他们的论点是，举例来说如果有
3 对男女——"

阿叉拿出笔在餐巾纸上写着

$$世杰：小昭 > a女 > b女$$
$$y男：a女 > 小昭 > b女$$
$$x男：小昭 > b女 > a女$$

看起来是每位男性对三个女孩的偏好排序，阿叉继续写下每位女性
对男生的排名

$$小昭：y男 > 世杰 > x男$$
$$a女：世杰 > x男 > y男$$
$$b女：y男 > x男 > 世杰$$

"y 男是谁？"

世杰显然对这个例子不太满意。

"不重要啦，不然就当作我吧，身为三位女孩中的两位第一名，
还蛮合理的。孝和你就是 x 男。噢，你也最喜欢小昭！"阿叉咬着
笔杆一边确认自己有没有写错，一边回答。

我没理他，照他的逻辑来看，y 男的第一名 a 女应该是商商，可
a 女最喜欢的是世杰，y 男只是第三名。他的话根本没讨到便宜。

"男生主动出击，世杰跟 x 男同时去追小昭。虽然小昭很喜欢 y
男，也就是在下我，但因为我去追了 a 女，所以小昭只好接受她心目中的第二顺位世杰。同样道理，只有我追求的 a 女，会跟我在一起。"阿叉解释。

在假设女方"宁滥勿缺"的情况下，这个推论才会成立。我在心里帮阿叉把话补完。

"x 男追求小昭失败，只好退而求其次去追他的第二顺位 b 女。b 女最喜欢 y 男，也就是在下我。没跟我交往的女孩都最爱我，我真是罪人。"

"多余的话就省下吧，这样只会让推理过程更难理解。"

世杰埋怨，自己推理下去，"所以最后会是（世杰，小昭），（y 男，a 女），（x 男，b 女），然后呢？"

"没然后啦，配对完成了。可是你仔细看噢，你实现了梦想跟最想在一起的小昭交往，y 男——在下我，也跟最想交往的 a 女在一起。x 男，也就是——"

我打断阿叉的话说："某个不知道的人，跟他的第二名在一起。男生都能和自己的前两名交往。但女生就没这么好运了，世杰是小昭的第二名，x 男是 b 女的第二名都还可以，只有 a 女最凄惨，跟他的第三名 y 男交往。"

"也就是阿叉。"

"哎！怎么会这样，例子没举好……"

阿叉自言自语，他数学虽然比在高中时进步很多，但粗心问题依然存在，这跟个性比较有关。

我继续解释："所以啰，没有一个女生跟自己的第一名在一起，还有一个女生无奈到得跟第三名交往。"

"这是要在没有'就算全世界男生都死光了，我也不可能跟你在一起'这么偏激的想法的前提下吧？"世杰发问，他察觉到了阿叉

超展开数学约会

漏掉的假设，真不错。

"对，我们假设双方都愿意'宁滥勿缺'。所以 a 女就算只有我这个第三名，她也会收下。不过这不是重点，重点是展开主动攻势的男生，虽然有告白被拒绝的风险，但最终来看会得到比较好的结果，能够跟更喜欢的对象在一起。被动的一方，虽然不用花心思追求，只要等着发卡或是点头就好，看起来很轻松，被好好呵护着，可其实最后的结果是比较糟糕的。"阿叉半自暴自弃地回答。

这是经典的配对算法。

阿叉振作起来，拿了另一张纸解释："如果反过来，由女生追求，y 男同时收到小昭跟 b 女的情书，在放学后的教室里拒绝 b 女，再到校舍顶楼答应小昭的告白。a 女跟世杰直接配成一对，被拒绝的 b 女最后找上 x 男。得到了配对结果（世杰，a 女），（y 男，小昭），（x 男，b 女）。男生都跟自己的第二名在一起，有两个人的对象退步了一名。女生则各自跟（1, 1, 2）名交往，结果大幅进步。所以你看，是不是主动的那方会有比较好的结果啊？快打电话给小昭摊牌吧！"

世杰盯着计算纸，不理会阿叉在旁边乱喊"摊牌单挑"，他明明不喜欢数学，但比起我们劝他主动积极，他好像更相信数学的推导结论。数学家万万没想到，自己有朝一日会变成恋爱咨询师吧。

15

对手告白的概率

"倘若两个人都告白，就算小昭喜欢他们的概率很低，
只有 $\frac{1}{10}$，小昭都拒绝的概率是 $(1-\frac{1}{10}) \times (1-\frac{1}{10})=0.9^2=81\%$。
告白者有 N 个，拒绝的概率变成 0.9^N。假如 $N=10$，
都拒绝的概率低到只剩 35%，不是很危险吗？"

我眼前仿佛出现一幅战争画面，一群男子前仆后继用告白作为武器，
"小昭城" 岌岌可危。

孝和说："听起来跟无限猴子定理很像。
即使是让一只猴子坐在计算机前面乱按，只要给它无限多的时间，
它也能打出莎士比亚全集。"

"期末考试的气氛。"

孝和吐出一口白雾，向来人声沸腾的广场静悄悄，脚踏车从我们面前经过，松脱的地砖发出"哐隆"的声响。

"变态肌肉男。"我瞪着手机咒骂。

"偷看陌生人 Facebook 的人才变态。"

"穿小背心自拍还设公开。"

我按下举报帖文，点选"这令人讨厌且很无聊"。不得不说，Facebook 有时候真了解使用者的想法。我们俩坐在长凳上打发时间。我边逛小昭的 Facebook，边回想前几天阿叉的话。

"再不主动点不行啦，小昭在我们学校很红，很多人在追她。"

"真的吗？"

"你没看她 Facebook 吗？她每则动态都很多男生按赞留言。"

我不好意思说出口，以前我眼里只有阿叉这位头号假想敌。回去认真研究几天后，我发现，小昭受欢迎的程度根本是校花等级。六月五号是小昭的大学校庆，同时也是"西瓜节"。当天人们可以送红色西瓜给暗恋对象表达心意，这是个不用说话也能告白的绝佳时机。虽然是几个月后的事，但据说学生们有个地下"赌盘"，赌小昭当天宿舍门口排队的人潮有几米。

"我押 30 米。因为一个人排队约占 60 厘米，大概有 50 个人会来告白。"

"50 个人？！"

"我算是估得保守了。不过这些人都没机会。"阿叉语锋一转，"排队这件事，一做就没胜算了。你看过白马王子排队去拉长发公主头发，或拎玻璃鞋去试灰姑娘的尺码吗？"

我同意他的话，我的理论是，爱慕者有等级区分：只能远望，偶尔在梦中说上一句话就开心到半夜失眠的"后援会"等级；被女孩叫得出名字，在路上遇到会打招呼但也仅止于打招呼的"再聊下去我就要说先去洗澡啰"等级；还有一起念书、互相用 LINE 传有趣文章的最高等级。

根据小昭的 Facebook 状况，我发现大多数人都是次等等级，只有两位需要特别注意的家伙，姑且称为"肌肉"与"文青"。

无限只猴子跟小昭告白

"人究竟会喜欢跟自己相似，还是互补的对象呢？"

我滑动"肌肉"与"文青"的照片——两个完全不同类型的敌人，唯一共通点是长得帅。

"你能定义一下什么叫'相似'和'互补'吗？"

孝和转头问我。我们走在回系馆的路上，我喝了口刚刚买的热咖啡，好烫。

"用数字来比喻的话，自己如果是 26，相似的就是 25 或 27。互补的就是……"

"–26 或 74，看你互补的定义是相加等于 0 或 100。相似可以用'相减后取绝对值小于一个特定值'，比方说从 21 到 31 都是相似。你是这个意思吗？"

我点点头。一转换成数学，孝和就可以精准定义。

"不对，如果用上乘法，互补也可以是 $\frac{1}{26}$。不好意思扯远了，别人喜欢小昭有这么重要吗？"

这家伙总算察觉到他有多离题了。

"当然，倘若两个人都告白，就算小昭喜欢他们的概率很低，只

有 $\frac{1}{10}$，小昭都拒绝的概率是 $(1-\frac{1}{10}) \times (1-\frac{1}{10})=0.9^2=81\%$。告白者有 N 个，拒绝的概率变成 0.9^N。假如 $N=10$，都拒绝的概率低到只剩 35%，不是很危险吗？"我不满地回答。

我眼前仿佛出现一幅战争画面，一群男子前仆后继用告白作为武器，"小昭城"岌岌可危。

"听起来跟无限猴子定理（infinite monkey theorem）很像。"孝和说。

不等我发问，他继续解释。

"无限猴子定理是一个关于'无限'的有趣比喻。一只猴子坐在计算机前面乱按，只要给它无限多的时间，它就能敲打出任何你想要的文章，例如莎士比亚全集。以你担忧的点来说，如果小昭其实想出家，那她只有非常小的概率答应别人的告白。但如果有无限多的男生，小昭终究会接受某一个人的告白。"

"没错！很恐怖吧！"

几分钟后走进系馆，我才意识到孝和在讽刺我。回到我们念书的讨论室里，他安慰我："往好的方面想，现在 $N=2$。而且也不是他们都喜欢小昭。"

"直觉告诉我至少有一个人喜欢小昭。"

孝和歪头想了一下，走到白板前。

"那我们来算算看，假定你的直觉成立，这两个人同时喜欢小昭的概率吧。我们设喜欢 $=\bigcirc$、不喜欢 $=\times$ 来表示（肌肉，文青）对小昭的状态。就照你说的至少有一个人喜欢，共有（$\bigcirc$，$\times$）、（$\times$，$\bigcirc$）、（$\bigcirc$，$\bigcirc$）三种状况，最后一种是两人都喜欢小昭。假设两个人喜欢小昭的概率都是 p，且是独立事件，则分别是 $p(1-p)$、$(1-p)p$、p^2。给定至少有一个人喜欢小昭的条件下，两个人都喜欢小昭的条件概率分母是 $(p-p^2)+(p-p^2)+p^2=2p-p^2$，分子是 p^2，也就是 $\dfrac{p}{2-p}$。如果 $p=10\%$，两人同时喜欢小昭的概率就是 5.3%；如果 $p=90\%$，这一概率就高达 82%。"

看到我一脸困扰，孝和说："不理解 p 的话，直接假设三种状况的概率均等，各占 $\dfrac{1}{3}$ 好了，这样就和丢只有三面的公平骰子一样。又不是小学生，怎么会对代数感到困扰呢？"

我正准备回嘴，手机传来 Facebook 的提醒，小昭更新动态了。

"噢噢噢！爽啦，考前还告白，妨碍准备考试的人会被马踢，活该失败。"

"妨碍恋爱才会。"

孝和边说边凑过来看。小昭的 Facebook 上放了张街景，一旁文字写着：

"或许只有谢谢不够。但很抱歉，能说的也只有谢谢了。"

有人被拒绝了，不知道是"肌肉"还是"文青"。

"短短几个字里就送出两张感谢卡，哈哈。"

我开心得不得了，考试怎样都无所谓了。孝和走回白板说："这下子，此刻另一位对手也喜欢小昭的概率从 $\dfrac{1}{3}$ 变回 $\dfrac{1}{2}$ 了。"

怎么会变成这样？

"等等，刚才我们推完，已知至少一人喜欢小昭的情况下，两人同时喜欢小昭的概率是 $\dfrac{1}{3}$。现在一个失败了，另一个也喜欢小昭的概率应该就是 $\dfrac{1}{3}$ 啊。"我提高音量发问。

孝和没有直接，他反问我：

"高中概率有两道经典题目：

❑ 已知某家有两个孩子，且至少有一个儿子。求两个孩子都是儿子的概率。

□ 已知某家有两个孩子，登门拜访，开门的是儿子。求两个孩子都是儿子的概率。"

我想也没想就回答："第一题是$\frac{1}{3}$，第二题是$\frac{1}{2}$。"

"为什么第二题是$\frac{1}{2}$？"

"生男生女的概率各一半且各自独立，所以另一个是男生的概率就是$\frac{1}{2}$啊。"

"那为什么第一题是$\frac{1}{3}$？"

"就像你刚刚列的，有三种状况（男，女）、（女，男）、（男，男）——"

我把没说完的话吞进肚子，原来"生男生女问题"和"告白问题"在数学上是一样的。孝和好像看穿我在想什么，他说："没错，'生子问题'与'喜欢问题'在数学世界里是一模一样的。在性别问题里，第二题多了一个信息'开门的是儿子'。在喜欢问题里，'至少有一个人喜欢小昭'则是多了'有人告白了'这个信息。"孝和顿了顿，"（肌肉，文青）的三种感情状况，原本（○，×）、（×，○）、（○，○）的概率都相等，新信息让（○，○）的概率提升的原因是，'一个人喜欢小昭，有人告白'跟'两个人喜欢小昭，有人告白'，哪个概率比较大？"

我伸出手比了个2。

"那就是了啦，假如告白的是肌肉，（肌肉，文青）就是（○，×）、（○，○）这两种状况。如果是文青告白，（肌肉，文青）就是（×，○）、（○，○）。不管是谁告白，都有两种可能的状况，而且（○，○）都重复出现在其中。但一开始我们只知道至少有一个人喜欢小昭，（○，×）、（×，○）、（○，○）的概率相等。"

孝和在白板上写下：

至少一个人喜欢：$P(0, \times) = \frac{1}{3}$，$P(\times, 0) = \frac{1}{3}$，$P(0, 0) = \frac{1}{3}$

一个人告白了：$\quad P(0, \times) = \frac{1}{4}$，$P(\times, 0) = \frac{1}{4}$，$P(0, 0) = \frac{1}{2}$

"喏，很清楚吧。"

孝和回到位子，留下我盯着白板。不知道是期末考试念太多书让我的脑浆变少，还是这个问题真的太难，我想了半天后双手一摊。

"假如一开始两个人喜欢小昭的概率都是 50%，则不管谁告白，另一个人喜欢小昭的概率依然是 50%。还是这样解释最简单，干吗要一会儿 $\frac{1}{2}$ 跟 $\frac{1}{4}$，一会儿 $\frac{1}{3}$ 那么复杂？"

听到我放弃了，孝和用老师的口吻回答："这样的确可以，但唯有一个问题从不同角度切入都能解释，才算是真的理解。绕远路不是为了让你困扰，而是要让你更清楚问题的不同方面。如果你换个解释方法说不通，那就是还有一部分不理解——"

"好啦好啦，你们数学最好了。"

我自暴自弃地打断孝和。反正我就是数学不够好，才一直没追到小昭。

说到底，这半年来为什么会变成这样。数学、数学，不管聊什么都会绕到数学。现在还变本加厉，不仅要我会数学，还要会各种理解方法，这等于是哄一个原本吃素的人先喝点儿牛奶、吃点儿奶酪，最后一路哄骗他到直接吃马肉刺身（生马肉）。我在心里不停埋怨，负面情绪到了极致，这时一个从来没想过的点子从脑海里浮现，我听见自己的声音说：

"我要来用数学设计一场浪漫告白。"

"嘎？"

16

让概率决定命运

世界上不存在完美情人。

柏拉图曾说过，世界上没有完美的直线，

再精确的尺也只能画出近似的直线，无限放大后必然会看到抖动。

任何感官能体会到的事物都是表象，是完美的理型的投影。

直线的理型，存在于抽象的数学世界中。

情人的理型，只存在于每个人的脑海里。

现实中我们寻求的，是最接近理型的情人。

难得地铁里的人这么多。

小昭从电扶梯往下看，每个排队指示符号前都排了好几个人。月台上的安全门像是弹珠台底座，队伍是一排排堆起来的弹珠。小昭这颗弹珠滚啊滚，有意识地滚到最短的那排。

车进站，正在玩手机的小昭用眼角余光看路并走上车，车厢只剩下最前方的三人座有两个空位，一位女孩靠墙休息。小昭走近准备坐下，她看见一纸粉红色信封搁在浅蓝色座位上，像漂在海上的一艘小船，上面写了几个字

给小昭

这是给我的吗？小昭左右张望，没有一个熟人，睡着的女孩感觉起来也跟这封信一点关系都没有。"我是为了要坐下来才拿信的。"小昭这样说服自己。信封比想象中沉重，封口没粘，里面有一副耳机和卡片。

卡片上画着二维码，底下写了一串数字 0924206105。

在别人看来可能是手机号码，但小昭一眼就确定这封信是给她的，她感觉到自己心跳变快，她将耳机插入手机孔，扫描二维码，耳机里传来一声："真的被你捡到了吗？太好了。"

世杰的笑容出现在屏幕中。

※

小昭，认识你之前，我常常在想，完美的情人究竟是什么样子？

我想了好久，有时候做梦梦到了，醒来就赶快记下她的模样。我觉得自己好像在写生，景物是藏在脑海深处的她：有着一双清澈的双眼，我可以在她的瞳孔中看见自己的幸福表情；高挺的鼻子，亲吻时我们的鼻尖会微微碰到；总是带着不刻意的浅笑，像刚喝了一杯喜欢的饮料，那种简单的满足的笑容；孝顺善良，为了小事感伤，面临抉择时有主见。她的身高应该是 158 厘米，据说 12 厘米是最佳的拥抱差距。

最重要的是，她会像我爱她一样地爱着我。

小昭想起自己身高是 158 厘米，在内心高兴了一下。世杰坐在咖啡厅里，从水泥墙面的反光看来应该是某个放晴的下午。

我后来想通了，关于完美情人，你得列出所有细节，再将它们统整成一个多重优化问题。

列出来就好了，干吗变成优化问题？

因为世界上不存在完美情人。

柏拉图曾说过，世界上没有完美的直线，再精确的尺也只能画出近似的直线，无限放大后必然会看到抖动。任何感官能体会到的事物都是表象，是完美的理型的投影。直线的理型，存在于抽象的数学世界中。情人的理型，只存在于每个人的脑海里。现实中我们寻求的，是最接近理型的情人。

我们想优化好几个目标函数，或者说，想找到一位能在各方面都最接近理型的情人。

　　然而现实中常常事与愿违，我有一位朋友遇见了外表完全是他喜欢的类型，但现在同时有两位男友的女生，他只能排到星期六下午三点到五点，跟吃到饱下午茶的时段差不多。另一个朋友找到一位很聊得来的女孩，但他始终因为对方的外表而没展开追求。

　　在现实生活中，我们将多重优化改成阶层优化，把目标分等级，依序追求：先是个性，再来是外表，再来是喜不喜欢狗……很多人在交往后感情生变，很大一部分就是阶层优化的顺序改变了。交往前最在意的是长相，但相处时却认为个性最重要，原本喜欢的对象可能就变得不再那么美好。

　　这是妥协的下场，奈何我们只能跟这个下场妥协。

　　小昭没完全理解世杰的话，她想一口气看完影片，提醒自己等等要再听一次。

　　更别提，就算退而求其次，存在一位阶层优化的情人，暂且称为最佳解情人，我们也不一定能遇见。

　　我们用费米推论法①来算算看。首先假设最佳解情人住在台湾地区，17~26 岁女性约 150 万人。再假设社交网络中，你只会认识朋友的朋友，也就是图论中的距离 2，倘若你有 200 位朋友，每一位都认识 200 位这个年龄层的女性。用这么宽的标准来算，你依然只有 2.7% 的概率会认识最佳解情人。在遇到的那一瞬间，你还要立刻知道就是她，而且还要刚好你们身边都没有对象。

---

　　① 费米推论，由诺贝尔物理学奖得主费米提出，原意指在极短时间内，以相关数字计算乍看之下摸不着头绪的物理量。后来延伸为只要透过某种推论逻辑，就可在短时间内算出正确答案的近似值。——编者注

统一发票200元的中奖概率是千分之三。2.7%的概率大概就相当于拿了9张发票，其中至少要有一张中奖。

始终维持同个姿势的世杰，忽然从桌子底下拿出一张字卡

$$1 - 0.997^9 \approx 2.67\%$$

正确的式子是这样，要用全部减掉每一张都没中的概率，只是千分之三太小了，所以在这用 $0.3\% \times 9$ 近似是可以的。

小昭笑出来，在这时候还计较数学的细节。

也就是说，尽管每个人都花了一生的力气在寻找真爱，但这大概就是不小心放在口袋里的好几张发票的中奖概率的总和。对一般人来说，不太可能会中奖吧。

世杰低下头好几秒，小昭一度以为网络信号不良。再次抬起头时，世杰笑得很灿烂、很开心，他说：

我不仅中奖了，而且是头奖。

那是一个普通的早上，我坐在早餐店吃我的蛋饼，
"你不觉得用（3,4,5）直角三角形会更好吗？"
我顺着声音看见了你，脸上挂着浅浅的微笑，不刻意，像刚喝了一杯喜欢的饮料，那种简单的满足的笑容。你对这奇迹的一刻仿

佛浑然无所觉，你不知道，我的情人理型以最不失真的角度立体投影在这个空间内，以粉红上衣、搭配浅绿长裙的样貌出现。

之后我们越来越熟，我察觉到自己犯了根本上的错误。柏拉图说现实生活中不可能有一条完全笔直的直线，它只存在于想象中。而我也总以为爱情是追逐一个想象，是情人理型在现实生活中的投影。但情人跟一条直线不一样，情人是主观的，有很多细节想象不到，唯有相处、经历后才清楚。因此想象中不可能有完美的情人，情人的理型是茫茫人海中的某位女孩，脑海里的想象只是投影，让我们用来按图索骥，去寻找理型——那一位对每个人来说都是独一无二的另一半。

影片忽然结束。小昭按了按屏幕，确认不是网络太慢，她觉得不应该就这样结束了。这时，声音从耳机外面传来，她的眼前出现了一双熟悉的鞋子，那是他们去挑西装时顺便买的。

"我中的不是头奖，是任何一个单位都无法兑换给我的超级特奖，属于我的情人理型。"

仿佛从屏幕里走出来，世杰缓缓说出影片里没说完的句子。

"我喜欢你，小昭。跟我在一起好吗？"

小昭觉得自己眼眶湿湿的，眼前景色变得模糊。还在想要怎样才能不哭，她先听见自己的声音伴随着啜泣。

"哪有人这样告白的！如果我没上这班车，没走进这节车厢，没坐在这个位子上，那不就错过了！"

世杰坐下来搂住小昭，小昭觉得很温暖，原来靠在喜欢的人身上，会有这么幸福的感觉。

"如果是这样，就是命吧。"

"这种说法太狡猾了！"

"为什么？"

"因为……人家不想错过你的告白嘛。"

说完这话，小昭脸都红了，她害羞地把整张脸埋进世杰的肩膀。

世杰拍着小昭的背，心里小声地说：

"你绝对不会错过的。"

一周前

"如果有人跟你要一笔钱，跟他买下周会开的乐透号码，你会买吗？"

世杰、孝和、阿叉，还有孝和的朋友在咖啡厅里讨论该怎么告白。三人听完孝和的问题都摇摇头。

"假如有种 10 个号码的乐透，0~9 个数字选一个，每周开一次，诈骗集团只要找到一万个人的个资，就可以进行一场完美的诈骗。"孝和说。

"我们是在讨论告白哎，我的告白跟诈骗为什么会扯上关系啊。"

孝和不理世杰的抗议继续说：

"第一周，诈骗集团将一万人分成 10 组，写信跟他们说自己是乐透商的工程师，可以控制开奖号码，再分别告诉他们这周会开 0 号、1 号、2 号……一直到 9 号。这周开奖完会发生什么事？"

"有 9000 个人会把信扔掉，1000 个人会……半信半疑。"

"没错，第二周再把 1000 个人分成 10 组，每组 100 个人，再分别告诉他们这周会开 0 号、1 号、2 号……"

"这样第二周后就有 100 个人会收到连续两周都中奖的号码！"

世杰也领悟诈骗原理了，按照这种分法下去，第三周有 10 人收到连续三周都中奖的号码，第四周有 1 人收到连续四周都中奖的完美预测。

"假如你是那个人，现在诈骗集团跟你要一笔钱，才告诉你下一周的乐透号码，你愿意付吗？"

世杰跟阿叉交换眼神，他们无法像刚才那样信心满满地说不可能了。

"这就是概率的奥妙，从一个角度看起来完全不可能，从另一个角度却是一定发生的必然。你的告白就要是这样，让小昭看起来一切都是缘分，你的告白信件送到她手中的概率微乎其微，但就是发生了。"

在他们的计划中，欣好先跟小昭约周末上午，这时地铁里人比较少，比较好进行计划。知道小昭几点要跟欣好碰面，就可以逆推出她搭地铁的时间。

"我去大学论坛打工版雇人。"

世杰打开计算机去大学论坛发文，他要把月台上每个进车厢的入口都塞满，只有靠近小昭会搭的手扶梯附近，有一个入口排特别少的人。这么一来，就可以确定小昭一定会从设定好的车厢入口上车。

"再来还要雇一群人，把入口附近的位置都坐满，快到站时再让出两个位子，把信放好。"

听见孝和这么说，阿叉举手发问："可是不确定小昭会在什么时候搭地铁，前后会有两三班的误差。"

世杰按下文章编辑，跟营销团队的手法一样，只要增加被传播的人数，就可以保证有一个人会收到很多次的正确预测。只要增加工读生人数，把连续好几班的车厢都坐满，再多准备几封信，就一定可以让小昭看见。

"你多准备几封信给我，人手我来帮你处理吧。"

一直没说话的孝和朋友此刻忽然开口，他转头对孝和说："你找我来就是要我帮这件事吧。"

孝和笑说："对啊，虽然找工读生可以解决，可是地铁上的事情还是你比较有办法。"

朋友露出理所当然的表情，他看起来跟世杰他们年纪差不多，可是却多了几分社会历练的气质。朋友拍拍世杰的肩膀，说："这件事还蛮好玩的。你啊，这次不要在烧烤店里在讲几何平均数了，好好告白吧！"

世杰眼睛睁得老大瞪着孝和，孝和挥挥手表示不是他说的，事实上还是反过来，赖皮告诉孝和的。阿叉在旁边自言自语："告白不是女生才会做的事吗？"

你喜欢数学吗？

世杰和小昭两人靠在一起，没去管地铁到了哪一站，也没说话，仿佛是要把从很久以前就积欠着的拥抱，此刻一并补清。眼前一亮，地铁从地底钻出来，上了高架。世杰闻到小昭的发香，他觉得自己此刻是全世界最幸福的人。

"在想什么呢？"

"在想我是全世界最幸福的人。"

小昭笑了笑："我也很幸福……只是，我有一件事想跟你说，你不要生我的气。"

"我怎么可能会生你的气。"

世杰由衷地这样想。他觉得他一辈子都会爱着小昭，为了她，他规划了这么一场盛大的告白，跟数学为伍了一整学期——虽然一开始他是装的，但后来他的确感受到数学的趣味，加上对小昭的爱，他相信自己可以一辈子都跟小昭聊数学。

"真的吗？"

"真的，你说吧。"

小昭深深吸了一口气。

"我其实不喜欢数学。"

"嘎？！"

第四部

原来你也是……

17

从早餐店开始的
贝叶斯定理

我很讨厌数学，我被它折磨了好几年。高三那年，
我甚至有好几次在数学考卷前落泪，不懂为什么要学这些，
为什么要会什么莫名其妙的勾股定理、三角函数……
"三明治有什么好看的吗？"
忽然，隔壁把数学讲义当报纸配早餐的男生问我。
我耳朵逐渐发烫，快，该说点什么，这时候一定要说点什么……
"然后，我就说了跟勾股定理有关的直角三角形。"
欣妤喝了口红茶说：
"所以你的身份是一位热爱数学的少女。"

"下周见啰。"

"拜拜——"

世杰踩下踏板，YouBike 的轮子开始转动。骑没几步，他回过头来，看到我还在原地，他大力地挥挥手，我挥手回应。他的背影渐渐变小，消失在马路转角处。

我重重吐了口气，一摸耳根子，果然整个都是烫的。

我非常容易紧张，偏偏从小老师就喜欢帮我报名演讲比赛。

"小昭在台上很有大将之风，从来都不紧张。"

有一次被这么赞美了，我才知道原来我有一项优点：紧张的时候别人看不出来。越紧张，我的表情跟语气越自然，唯独耳朵变得很烫，大概是压力全都集中到那边去了吧。

"欣妤学姐，这边——"

"就说不要叫我学姐了！今早睡过头，这是你喜欢喝的红茶，加了黑糖珍珠噢。"

我跟欣妤坐在学校的露天座位上。秋天的阳光从树叶缝隙中撒下来，好几个社团在旁边发传单、摆摊位招揽新生，学校充满活力。"小说与电影中的数学思维"是欣妤找我一起选的一门课，我们参加系上迎新宿营时在同一小队，她其实大我一届，去年在国外陪男朋友念书，今年才回来。

"今天第一堂课好玩吗？"

"还不错，虽然有很多东西是我听不懂的。"

"下次我准时起床，听不懂的我教你。"

欣好的数学很好，不是说考试分数很高，而是很会活用。比方说有一次我们去买生煎包，前面排了好几个人，我打算放弃时，她一把拉住我。

"等等别走，我们刚好可以分到正在煎的那一锅。"

她一眼估出人数与生煎包的数量。后来好几次排小吃也是，她能快速估算排队时间，值不值得排。这是她辅导班数学老师教她的。

"我原本觉得数学跟生活一点关系都没有，现在觉得像空气一样到处都是。"

我不太能理解这种想法，但此刻我得跟她讨论一下。我把早上在"可大可小"早餐店遇到世杰的经过告诉她。

"'为什么不做成等腰直角三角形，而是这种不干不脆的直角三角形呢？'你真的这样说吗？哈哈哈哈哈，哎噢对不起，小昭你真的是太可爱了，哈哈哈。"

欣好像只虾子一样弯下腰来狂笑，不时拍打桌面，几位发传单的同学往我们这边看来。

"你还说了什么？"好不容易止住笑意，欣好问。

"我也不是特别喜欢等腰直角三角形，只是觉得，如果能用一个常见的直角三角形，例如边长（3，4，5）的三角形，那不是很棒吗？会让人有种他乡遇故知的感觉。"

噗，我话还没说完，欣好又变成一只得了狂笑症的虾子。

"你为什么要逼自己讲这些话呢？"

"我很紧张，就胡言乱语……"

当时，我点了蛋饼，又拿了个三明治准备当中餐。坐下来时，并桌的男生在读一份纸本讲义，上面全是数学方程式，英文字母比

数字还多，让我想起一则网络笑话：我以前数学很好，直到他们把英文字母跟数字混在一起时。

想想我的数学也是从那时起开始一蹶不振。所以我很崇拜数学好的人，他们能理解我无法吞咽的知识。但我同时也很讨厌数学，我被它折磨了好几年。高三那年，我甚至有好几次在数学考卷前落泪，不懂为什么要学这些，为什么要会什么莫名其妙的勾股定理、三角函数……

我是个很容易出神进入自己"小剧场"的人，常常看到某件事情，脑海里的一个抽屉就会蹦地弹开，跑出很多回忆。

"三明治有什么好看的吗？"

忽然，隔壁的男生问我。我这才注意老板娘蛋饼都送来了，但我还在捏着三明治发呆。耳朵逐渐发烫了，快，该说点什么，这时候一定要说点什么，但绝对不能说"我在回想自己以前在数学考卷前落泪的事情"，至少不能在一个把数学讲义当报纸配早餐的男生面前说。我这时才注意到，他蛮可爱的。

"然后，我就说了跟勾股定理有关的直角三角形。"

我告诉欣好整段过程，她喝了口红茶说："所以你的身份是一位热爱数学的少女。"

我点点头，要跟她求救的话才到嘴边，欣好用力挥手，就像刚才世杰在脚踏车上对我挥手的那样。顺着她的视线，我看见一对像是杂志封面模特儿的情侣走过来。

可以欣赏的数学

这对情侣是欣好的高中同学，阿叉与商商。

"学校小就有这个优点，很容易遇到熟人。"

他们在旁边坐下。欣好把我早上说的事情再转述一次，虽然不太好意思，但我更不好意思要她别讲。

"他念什么系啊？"阿叉问。

"电机系。"

"噢，那跟我一样。哎，等等，你说他跟我们同届，那孝和应该认识，我来问问看。"阿叉掏出手机，"孝和是我们班的第一名，现在也念台大电机系。"

欣好边解释，边拿出手机。商商凑上去看阿叉的屏幕，阿叉察觉到，笑着搂住商商，把手机挪到两个人中间。真是一对恩爱的情侣。

阿叉跟欣好飞快地打字，中间阿叉抬起头来，一脸狐疑地看着欣好，欣好用力摇摇头。几分钟后，阿叉笑出声，商商也露出微笑。

"世界真小，孝和说他们是好朋友。"欣好放下手机这么说。

"他很喜欢数学，而且数学很好。"

阿叉补上一句，突袭似地问我："你喜欢他对吗？"

"我……才第一次见面怎么能说喜欢或不喜欢。"

我尝试抵抗，但阿叉耸耸肩说："不会啊，很多女生第一次见面就跟我告白。但我只喜欢商商。"

他摸商商的头发，商商露出像被抚摸得很舒服的小猫的表情。但或许是受到他们对感情的坦率影响，我也不再抵抗。

"他是个很棒的男生。可是兴趣是数学——"

"你现在开始喜欢数学就好啦。"

"我数学那么差，怎么可能做得到。"

"喜欢数学不一定要数学好噢。"

一直安静的商商开口，她亲切地跟我说。

"不需要具备特定背景，任何人都可以逛美术馆，也都能感受到艺术的美与力量。如果今天有一家美术馆，只限定相关背景的人入场，那不是一件很奇怪的事吗？"

"可是每个人与生俱来都有欣赏美丑的能力，数学没有啊。而且数学是一门很难的学科。"

"美术也很难噢，光影、透视——"

"这些跟数学其实有关系。"阿叉在旁边插嘴。

"'懂'一门知识分很多层次，欣赏只需要入门的层次就够了，唯有到需要创作、应用时才需要很深入的理解。艺术是这样，数学也是这样。"

"其实数学也可以算是艺术的一种。"阿叉接话道。

"你很爱插嘴哎。"

欣好制止阿叉，商商笑了笑继续说："只是大多时候我们学数学是为了考试，要求的理解层次很深，你才会觉得数学很难。不妨趁着这个机会，用轻松一点儿的角度来看数学吧。"

商商的话像洒在长木桌上的阳光，给人温暖的感觉，有那么一度我也觉得好像我可以真的喜欢数学，用不同的角度看待数学。

理智马上摇醒我。

"我还是少跟他联络好了，不然马上穿帮，会被他发现我数学差。"

"这样很可惜，大学生就是要好好谈一场恋爱啊！难得遇到不错的对象，你应该多认识一下。"

欣妤语带得意地说。

"当初积木就是我主动追来的。"

"多认识是好的，现在就放弃的话——"

"比赛就结束了。"

"你一定会后悔的。多认识一点，就算他没有你想的那么好，那也是要认识才知道。"

"商商好会鼓励人噢，真是温馨的学姐。"欣妤赞叹。

阿叉接着开口，我正以为他又要乱接话。"这就是贝叶斯定理啊，要有足够多的相处机会，才能够更新事后概率，算出是不是你的理想情人。"

"贝叶斯定理？"

三个人一起对我点头，阿叉继续说："这么说吧，每位对象都有一定的概率是理想情人。第一次见面时，会有一个先验概率（priori probability），像世杰的先验概率可能高达 70%。但这不代表他真的就一定是你的理想情人，只能说是在这一瞬间'你认为他是理想情人的概率'。相处过程中遇到各式各样的事，比方说，下一次约会时他提早 10 分钟到，这是加分，对吗？"

我点点头。

"但要加几分呢？就要用贝叶斯定理去更新。我们用 A 跟 B 来表示'小昭的理想情人'跟'准时'这两个事件。如果是你的理想情人，特地早到的概率，这该怎么用 A 跟 B 表示？"

我眼前出现星星，地面开始旋转。

"你不要问人家这么难的问题啦。"欣妤帮我解围。

"就是 $P(B|A)$，给定理想情人的条件下早到的概率。另外一个要知道的事，即不是理想情人的话，早到的概率又是多少，这可以用

$P(B|A^c)$ 来表示。你可以自己去评估这两个概率数值该设多少。欣好觉得呢？"

"我觉得小昭理想对象早到的概率应该蛮高，假设是 90%。如果不是的话，一般男生跟小昭这么可爱的女生约会应该也会早到，大概是 60% 好了。贝叶斯定理长这样。"

$$P(A|B) = \frac{P(B|A)\,P(A)}{P(B|A)\,P(A) + P(B|A^c)\,P(A^c)}$$

欣好在半小时前拿到的社团传单上写下数学公式，我隐约觉得远方有人对我们投以哀怨的眼光。欣好解释：

"公式的左边 $P(A|B)$ 是所谓的事后概率（a posteriori probability）。意思是当发生 B 事件（特地早到）后，我们得到了新的观察，因此事件 A（世杰是小昭的理想情人）的概率将随之改变。**发生的事件越多，得到越多的观察，就越了解对方，能得到更精确的概率估测。**这就是贝叶斯定理的精神。"

看到自己的名字跟世杰被摆在一起，我有点不好意思。或许是察觉到我的想法，欣好还故意在我们的名字上面画了一把小伞，像小学生嬉闹在桌上涂鸦一样。阿叉拿起手机计算。

"这样的话，世杰是理想情人的概率就会变成

$$P(A|B) = \frac{P(B|A)\,P(A)}{P(B|A)\,P(A) + P(B|A^c)\,P(A^c)} = \frac{0.9 \times 0.7}{0.9 \times 0.7 + 0.6 \times 0.3} \approx 78\%$$

提高了 8%。你看，真的会改变噢。当你喜欢的人做了一件你认为

'如果是我喜欢的人，更应该这么做'的事情，他'真的是我喜欢的人'的概率就会上升。反之则会下降，比方说如果他下次来旁听，和别的女生有说有笑。"

我的胸口好像被什么捶中似的，感觉到一阵郁闷。如果是这样，我还会觉得他很好吗？不对，他一定不会这么做的。

"你的理想情人会这么做的概率只有10%，但不是理想情人会这么做的概率有80%。我们就能再根据这个事件来更新世杰此刻是你理想情人的概率是

$$P(A|B) = \frac{P(B|A)P(A)}{P(B|A)P(A) + P(B|A^c)P(A^c)} = \frac{0.1 \times 0.78}{0.1 \times 0.78 + 0.8 \times 0.22} \approx 31\%$$

掉到31%。"

"理想情人会这么做的概率只有10%，为什么你算出来还有31%这么高的数值呢？"

"因为'你会给他机会'。你要把数学的意思讲出来啦。"

欣好补充，后面那句话是在对阿叉说的。她接着讲：

"做了一件不好的事，我们会扣他分数。可是注意噢，扣分数的意思就是他原本就有一个分数。这个分数就是在这个事件发生之前的先验概率。先验概率高的人，表示你原本对他很有好感，这时候就算做错了一些事，你可能会想起他之前的好，愿意再给他一个机会。如果本来就已经印象不佳的，随便再错一两件事情，你就直接判他出局了。"

耳朵听欣好的话，我重新看一次这几道数学式子，好像也稍微

能理解它们的意思，似乎，它们是把在恋爱中的直觉行为用数学公式描述。

"你们的数学好好噢，如果我数学也这么好，就不用在他面前装了。"我羡慕地说。

"我们可以帮你啊，我们来开一个群组叫'超展开数学约会'，以后你跟他相处遇到问题告诉我们，我们看到就赶快回你。保证你在约会时也能得到实时的帮助。"

欣妤拿出手机，我感觉到包包里的手机发出震动。阿叉站起来伸展筋骨，他笑说："不用啦，你只要重复说'为什么？'跟'你好厉害！'就够了，男生是单细胞生物，只要被喜欢的女孩问问题就会想解答，被赞美就会开心。"

"阿叉好厉害噢，这么一针见血的评论。"

"那还用说，我可是情感专家。"

欣妤对我跟商商比了个鬼脸，商商笑出来。

真的是这样吗？我有点怀疑，但又觉得阿叉的笑容很有说服力。

先倒牛奶还是先放凉

"世杰老师的咖啡厅数学课要开始了吗？"

"好，你听过牛顿冷却定律吗？"

我点点头，心想欣妤真会猜题。她只听到咖啡两个字，

就可以猜出世杰会用到哪些数学。

听说他们还去问了世杰的同学孝和，或许孝和也帮忙给了一些建议。

"冷却定律的意思是，我们点了一杯热咖啡，

从冲泡好的那一瞬间起，它的温度就会开始下降，

下降速度跟咖啡此刻的温度与室温差距有关……"

第二周早上，我刻意选择跟上周一样的时间去"可大可小"吃早餐，但没遇到世杰跟他的数学讲义。我有点失落，以为建立起来的默契，看来只是自作多情。我要用贝叶斯定理来算一下得扣世杰几分。

一走进教室，同学们散落在后方的座位聊天、吃早餐、玩手机。世杰独自坐在第一排津津有味地读着讲义。真的很喜欢数学呢，我看着他的模样，刚刚的失落一扫而空。他看到我，不过可能是在思考数学吧，他又低下头，一会儿才再抬头跟我打招呼。

"早安！"

"你原来已经在教室了。我刚去吃早餐时还在想会不会遇到你。"

"遇……遇到我吗？你、你说你想象会遇到我吗？！"

世杰脸上露出惊讶的表情，我刚刚的话太积极吓到他了吗？

"哈，你干吗装得那么夸张，好好笑噢。"我赶快用开玩笑的语气回答。

他挪开椅子上画有数学符号的背包。

"我在想一个跟咖啡有关的数学。"在我坐下后他说。

我没预期到才三句话就进入数学的话题，就像电影开场五分钟主角就跟坏人生死决斗一样让人措手不及。我伸手抓口袋里的手机，思考怎样才能在不被发现的情况下跟欣好求助。

"怎样的数学呢？"

"假如早上你泡了一杯热咖啡，冰箱里还有一杯冰牛奶，你想在10分钟后喝杯凉一点的咖啡。你有两个选择，先把冰牛奶倒进咖啡里，静置10分钟。或先放10分钟后，再倒冰牛奶。你会选哪一个？"

我松了口气，还好他不是要我立刻解一道方程式。是非题至少有一半的答对概率。

"我选第二个，感觉比较冰。这跟数学有关吗？"

"有噢，温度是可以算出来的。"

世杰拿笔写下数学式子，我看见了 y，y 右上方还有一撇。那是什么意思？不小心画到的吗？

"小昭，你干吗坐那么前面啊？"

欣妤的声音从后方传过来。太好了，我赶快起身离开。

"欣妤学姐！不好意思，下课你再解释给我听好吗？"

"就说不要叫我学姐了。他谁啊？啊，世杰吗？"

欣妤压低音量说，我点点头。世杰礼貌地跟欣妤打招呼后，继续看讲义。我小声地告诉欣妤刚刚的状况，感谢她的及时出现，否则我就要露馅了。

"右上方那撇是微分啦。咖啡温度的数学，这我有印象。你等我问大家。"

欣妤在群组里连发了好几则信息，里面有"咖啡""温度""微分方程""混合"等字眼，每一个字我都看得懂，但串在一起就变得陌生。

"你刚刚忽然离开，他会不会受伤啊。"欣妤看着屏幕打字边说。

"好像有点没礼貌……可是如果继续坐着就穿帮了。"

"不然你跟他说下午去咖啡厅做实验，这样就能顺理成章地约会啦。放心，我会在那之前帮你准备好需要知道的数学知识。"

欣妤抬头看我，两眼发亮，一副比我还期待的模样。

咖啡厅里的数学实验室

"两杯热咖啡，再给我一份冰牛奶。"

世杰从柜台走回来。

"这家咖啡厅很棒哎。"

我们坐在靠窗座位，旁边放了个装咖啡豆的大麻布袋，跟椅子差不多高。

"好复古的桌椅。"

"我猜不是复古，老板当初开店时说不定还是挑最新款式的。"

世杰调皮地踩了踩地板，发出嘎嘎声响，和老板娘磨豆的声音，一起融合在店里的爵士乐里，赋予这家咖啡厅一种独特、经年累月沉淀出的优雅气氛。

"世杰老师的咖啡厅数学课要开始了吗？"

"好，你听过牛顿冷却定律吗？"

我点点头，心想欣好真会猜题。她只听到咖啡两个字，就可以猜出世杰会用到哪些数学。听说他们还去问了世杰的同学孝和，或许孝和也帮忙给了一些建议。

"冷却定律的意思是，我们点了一杯热咖啡，从冲泡好的那一瞬间起，它的温度就会开始下降，下降速度跟咖啡此刻的温度与室温差距有关……"

世杰解释起牛顿冷却定律，我在三小时内第二次听到这个理论，但对它还是非常陌生。

"你们的咖啡来了，芝士蛋糕是招待常客的。"

"老板娘都认识你，好厉害噢。蛋糕真好吃。"

我挖了一小块送入嘴中，此刻我非常需要咖啡和糖分。

"我还蛮喜欢吃他们的芝士蛋糕。"

世杰也挖了一块蛋糕。我原本有些担心他眼里只有数学，其他都没兴趣，但现在看起来应该是我多虑了。他喜欢探索自己的兴趣，同时也愿意广泛接受其他事物，回去又多一项要列入贝叶斯定理计算的项目了。

"我大概懂你说的，温度变化能用斜率表示，变化又跟咖啡温度和室温差距有关，所以可以列出等式。然后……算出咖啡从泡好开始，每分钟的温度变化。只是，这样跟牛奶先倒后倒有什么关系呢？"

我一口气背出群组里的大家帮我整理好的台词。"不用讲太多，让他以为你数学不错就好。剩下来给他发挥吧。"离开前欣好这样告诉我。把数学当成语文在念，这对我来说不是太陌生的一件事。

世杰把冰牛奶倒入其中一杯咖啡，在餐巾纸上写下算式。

"有噢，当冰牛奶倒进热咖啡，假设牛奶跟咖啡的比热相同，热咖啡 200 克，90 度。牛奶 50 克，5 度。混合后的咖啡牛奶。就是 $\dfrac{200}{250} \times 90 + \dfrac{50}{250} \times 5 = 73$ 度。"

"噢——"

我凑近看式子，装出一副很有兴趣的模样。

"可以吗？各自的比例乘上各自的温度。"世杰补充。

我心虚地点点头。还好世杰没察觉出来，此刻他是数学世界的导游，用介绍知名景点的口吻，指着加牛奶的咖啡说：

"所以啰，如果先倒冰牛奶，咖啡就会从 90 度下降到 73 度，之后的 10 分钟再慢慢变凉。还记得我们刚刚说的，热咖啡变凉的速度，取决于咖啡和环境的温度差。比较凉的咖啡，降温速度会比较慢。"

他边写边说。

假设咖啡一开始的温度是 C，周遭环境温度是 s，温度随着时间 t 的变化是：

$$\frac{dC}{dt} = k(c-s)$$

k 是常数。现在多了温度 m 的牛奶，混合后咖啡占整杯拿铁的比例是 x，则先混合后静置的状况，降温的变化可以写成：

$$\frac{dc}{dt} = k\{[xC-(1-x)m]-s\}$$

"中括号里面的 $xC-(1-x)m$ 就是我们刚刚算的 73 度，咖啡跟牛奶混合后的状况。再利用微分方程，就可以解出来了。"

餐巾纸上的数学（napkin math），我总以为这是只有电影里才发生的画面。

"你学过微分方程了吗？"我说出阿叉在群组里的问题。

"下学期才要修。"

"那你怎么会？"

"因为好像还蛮有趣的，就稍微翻了一下。微分方程告诉我们，混合后的拿铁温度 T_1 随时间 t 的变化：$T_1(t)$ 是

$$T_1(t) = s + [xC+(1-x)m-s]e^{-kt}$$

你研究一下，我去拿另一杯冰牛奶。"

世杰起身走去吧台，我赶快把公式全部拍到群组里，再补上一句：

这到底是什么？

先倒牛奶再静置降温的公式。

不用懂整个公式，只要记得 x 跟 $(1-x)$ 是混合的意思，e^{-kt} 就是放着降温的过程。

阿叉跟商商回复我。我想起中午我们的确讨论过，x 是混合的比例，比方说 30% 的黑色跟 70% 的白色混合，就可以用 x 跟 $(1-x)$ 来表示。e^{-kt} 则是像以前理化课学的半衰期，指数上头有个 $-t$，表示随着时间减少，而且不是线性递减，是每隔一阵子少几倍的那种指数递减。欣妤补了一句：

括号里面的先算，所以是先混合，再降温。

从他们的口中，公式变得好像一幅画，这边是一个花瓶，那边是另一扇窗户。虽然细节我还是不懂，但至少稍微能理解这个式子了。耳边传来地板嘎嘎声响，世杰捧着一杯冰牛奶走回来。

晚一点倒牛奶，咖啡比较凉

"冰牛奶来啰，我就省略计算过程，第二种状况咖啡温度 $T_2(t)$ 是

$$T_2(t) = x[s + (c-s)e^{-kt}] + (1-x)m$$

中括号里的是放凉一阵子后的黑咖啡温度，然后用刚刚讲的比例乘以各自的温度，平均起来，就是先放凉，再加冰牛奶的状况。"

我看了看式子，有 e^{-kt} 的是静置降温，有 x 跟 $(1-x)$ 的是混合，括号里面的要先算，表示事先发生的事情。

"所以这个式子的确是先降温，然后再混合。"我觉得有点开心，我竟然可以解释这个式子哎。世杰点点头，把冰牛奶倒进去第二杯咖啡，边搅拌边说：

"你有兴趣的话可以试着推导看看，可以证明不管 t 是多少，都可以得到 $T_1(t) < T_2(t)$，证明的关键在于牛奶温度 m 比室温 s 要小。"

"嗯嗯，不用了，没关系，我相信你是对的。"

世杰把杯子推到我面前。

"你现在喝喝看这两杯，哪一杯比较凉？"

"这杯真的比较凉哎——你好厉害！"

"没有啦。是微分方程厉害……"

世杰露出不好意思的笑容。阿叉的建议果然很中肯。

19

和骑着蜥蜴的
斯波克联谊

好像是在旅行的时候吧，我记得有人提到一句话：
难道不能说，音乐是数学的感性，而数学是音乐的理性？
我跟世杰的双人舞背景音乐，还刚刚好真的是数学。
我忽然想起一件事。
"所以联谊那天我们分成一组，这也是孝和跟欣妤帮我们的吗？"
"当然不是，那是缘分。"
世杰快速否认。

"原来是这样啊。"

听完我讲的这些，世杰若有所思地点点头。我们在地铁月台上的位子坐了好久。

"对不起，骗了你那么久，每次看你聊数学那么开心，我更不知道该怎么告诉你真相。这半年来——"

"之前就是在这站，搞不好就是这个车门。"

世杰打断我的话，伸手往前指。

"孝和忽然告诉我要跟你们系联谊的事情。"

他缓缓道出那段回忆。

"你说什么？！"

我一只脚踩回地铁车厢，快速关上的车门像装了弹簧似地弹开。我冲向孝和，向来冷静的他脸上闪过一丝惊恐。

"好丢脸，我不认识你，你离我远一点儿。"

"你故意的！挑下车前一刻才讲这么重要的事情！"

我提高音量。

"好好，你讲话小声点。哪有人激动成这样的，真夸张。"

孝和手往下按，几位乘客往我们这儿看，和我视线一交会，就像方才的车门一样立刻弹开。

"我有个朋友跟小昭同系，她说想认识我们系的男生，就找我办联谊。"

"你朋友叫什么名字。"

"欣好。"

好熟的名字……

"金发女！！"

"你见过她？我们是高中同学，她休学一年。"

"难怪小昭叫她学姐，他们一起上通识课。她看起来很公主哎，想不到你们是好朋友。该不会……"

孝和盯着我几秒后，放慢速度说："她男朋友是我同学，你真的没看过《超展开数学教室》啊。"

"我没有失眠的困扰。"

"好吧，没事。你再不下车就又要多坐一站啰。"

我立刻冲下车。

※

"你的军师是欣好，孝和则……帮了我很多忙，他们两个不可能没有讨论过啊。有种被隐隐操弄的感觉。"世杰皱眉头眯起眼，仿佛真相正在眼前，他想一眼看穿。

事实上，我不希望他心情不好，赶快转移话题。

"我记得那时候你传信息问我。一开始你还说：'我朋友叫我去，他说多认识人总是好的。我觉得好像是这样，但又有点儿懒。你呢？'这个问句超狡猾的！"

"我有这样回答吗？！"

世杰拿出手机往回翻对话记录，他翻了好久。熟悉的对话不时出现在屏幕上，仿佛时光倒流，原来我们聊了这么多话。

"你看，有吧——"

屏幕停留在我刚刚说的那段对话上，世杰脸上露出尴尬的表情。

但其实我会记得，是因为当时我也回了一句很狡猾的话。

"我跟你想的一样。"

这句话现在同时出现在屏幕上。不过世杰似乎不是会计较的人，他不好意思地跟我道歉，然后指着另外一句话。

"我后来鼓起勇气说了！"

那句话是"有你在的话应该会很好玩，比较有动力去"，我不甘示弱地把屏幕往下翻一点儿。

"我也有说噢。"

当时我回的是："好啊，那我们一起去吧。联谊无聊还可以聊数学。"

现在看，那时正在暧昧的我们宛如跳着双人舞，踩着不大的舞步，一步步往前。

好像是在旅行的时候吧，我记得有人提到一句话：

难道不能说，音乐是数学的感性，而数学是音乐的理性？

我跟世杰的双人舞背景音乐，还刚刚好真的是数学。

我忽然想起一件事。

"所以联谊那天我们分成一组，这也是孝和跟欣好帮我们的吗？"

"当然不是，那是缘分。"

世杰快速否认。

几个月前的联谊（小昭的回忆）

联谊那天天气很好，湛蓝的天空倒映在醉月湖上，我们玩了好几个团建游戏。世杰很体贴，所有粗重、丢脸的事他都一肩扛下来。有个游戏是从面粉堆里吹乒乓球，他吹得比谁都大力，整个脸都白了，大家笑他太夸张，只有我知道他是不希望我弄脏。

吹乒乓球活动结束后，欣好大喊：

"接下来我们要玩'竹笋竹笋蹦蹦出'！大家先蹲下来。我们有30个人，游戏规则是从 1 数到 30。每个人可以自己决定什么时候跳起来报出现在的数字。但如果同一时间有好几个人跳起来，那些人就输了。"

欣好居高临下地俯视着我们，补上一句：

"如果都没有人同时跳起来，那输的就是最后一个蹲着的人。"

大伙儿蹲着交头接耳，形成一副有趣的画面，一群没从土里蹦出来的竹笋，讨论什么时候该发芽长出来。

"假设其他人都随机跳起来，不考虑别人的心态，这其实是一个概率问题。"

"可以算出如果从游戏一开始就跳，赢的概率是多少。"世杰的声音从旁边传来。

我在 LINE 里面开玩笑说无聊的时候可以聊数学，竟然成真了。我故作认真地听世杰解释。

"游戏开始有 30 个数字，每个人在每个数字跳起来的概率都是 1/30。则一开始其他 29 人中，至少有一个人跳起来的概率是'1 减掉 29 个人都不跳的概率'。"

世杰用手机备忘录 APP 写下一道算式

$$1-\left(1-\frac{1}{30}\right)^{29}$$

"$1-\frac{1}{30}$是指某个人不跳的概率，补上 29 次方就是其他 29 人都不跳。你一定知道这个等式。"

$$\lim_{n\to\infty}\left(1+\frac{x}{n}\right)^n = e^x$$

我当然不知道，但这几次约会下来我已经渐渐学会"我知道啊"的表情了。

"嗯。"

"所以啰，用这个等式可以近似求出。"

$$1-\left(1-\frac{1}{30}\right)^{29} \sim 1-e^{-1}\times\left(1-\frac{1}{30}\right) \sim 1-e^{-1}$$

世杰飞快写出好几个式子，仿佛事前就把一切都记在脑海里，此刻只是背出来一样。

"我们都知道 e 约是 2.718，取倒数 $\frac{1}{e}$ 约是 0.37。所以数到 1 就跳起来会赢的概率就是 1−0.37=63%。当然，这是假设其他人都是机器人，实际上可能好几个人算出这个数值后，就会提高他第一次起跳的概率，那就得再重新去计算。"

世杰思考了几秒，然后用放弃的语气说：

"人们以为数学很困难，那是因为他们不知道生活有多复杂。这是我最喜欢的数学家冯·诺伊曼说的。"

"我要开始数啰——1！"

我跟世杰同时跳起来。

"你们是约好殉情吗？刚刚在那边聊天聊半天，然后一起跳起来。"

欣好的话引起众人大笑，我连忙挥手。

"这样游戏太快结束了，你们先到一边，我们其他人继续玩下去。"

我们站在旁边看欣好往下数，连续好几个数字都没人跳。数到 6 的时候有一个人跳起来。

"可能是聊天太专心，一听到数数，反射动作觉得要做点事情吧。"

我检讨刚刚为什么会一起跳起来。世杰迟疑了几秒，用开玩笑的口吻说。

"也可能是默契。"

"哈，有可能噢。"

我也开玩笑地响应，同时感觉到耳朵的温度逐渐上升。

"9！"

有两个人同时跳起来。

"我们来玩大冒险，你们五个人黑白决定谁先吧。"

世杰跟另一个人输了。他们用猜拳分胜负，猜了两次都平手。正准备要猜下一次，欣好对我不断使眼色，我才想起《超展开数学约会》群组替我准备的数学话题。

"我们要不要加上蜥蜴跟斯波克？会比较容易分出胜负噢。"

我不等其他人回答，径自解释下去。

"每次猜拳，只要对方跟你出的不是同一种，就会分出胜负。3 种里面选到另外 2 种，第一次就分出胜负的概率就是 $\frac{2}{3}$，大约是 67%。到了第二次才分出胜负的概率就是（第一次没分出胜负的概率）× （第二次分出胜负的概率）= $\frac{1}{3} \times \frac{2}{3} \approx 22\%$。"

跟世杰猜拳的人说："可是我平手的话，会猜对方下次出什么，

这样就不是随机假设啦。"

这人是世杰的同学，台大电机系的思考都要这么严谨吗。我搬出绝招：

"所以我们这只是假设，现实生活要更复杂。数学家冯·诺伊曼有说，如果人们……"

我念着世杰最爱的话，跟他有默契地交换了一个眼神。那人点点头请我继续解释。

"所以前两次分出胜负的概率是 67%+22%=89%。如果要提高分出胜负的概率，可以玩剪刀（scissors）、石头（rock）、布（paper）、蜥蜴（lizard）、斯波克（Spock）。没错，就是'企业号'上的那位斯波克。"

我分别并拢食指与中指，还有无名指与小指。这是《星际迷航》（*Star Trek*）系列电影中斯波克的经典手势，昨天晚上我还对着镜子练习了一下。我找了图给他们看：

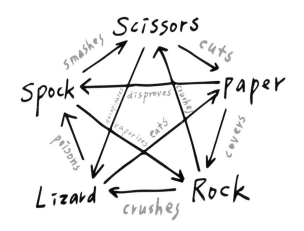

"这种进阶版的剪刀石头布共有 5 种出拳方式。每一种方式会赢其他两种方式，例如剪刀可以剪死蜥蜴；但也会输给另外两种其他方式，如剪刀会被斯波克打烂。"

"为什么一次要多增加两种方式，不是只增加一种呢？"

"因为只增加一种，扣掉平手的还剩下三种手势，输赢的概率就会不平均了。现在这样子，刚好每一种手势都会输给另外两种，赢过另外两种。"

"原来如此，那其实也不用是剪刀石头布，改成'金、木、水、火、土'或'心、肝、脾、肺、肾'也可以啊。"

那人笑着说，欣好在旁边接话：

"改成'这、笑、话、很、冷'也没问题。"

那人后来话明显变少了。

"进阶版中 5 种只有一种平手，平手概率大幅降低，一次分出胜负的概率提高到 $\frac{4}{5}=80\%$，前两次内分出胜负的概率更高达 $\frac{4}{5}+\frac{1}{5}\times\frac{4}{5}=96\%$。原本剪刀石头布，三次内分出胜负的概率也是 96%，换句话说。这个方法猜两次，就可以有剪刀石头布猜三次的效果噢。"

我解释完规则跟概率值，世杰认真研究起关系图。

"蜥蜴吃掉布，毒死斯波克，但会被剪刀剪断，被石头砸死……我准备好啦！"

※

"我是故意念出来的，那样我同学就以为我要出蜥蜴。要赢蜥蜴只有剪刀跟石头。而斯波克又是同时能赢这两个的手势。"

世杰摆出斯波克的手势，那场猜拳最后是斯波克打烂剪刀，世杰获胜。

"这个游戏太难推广了，5 种手势取 2 种，一共要记 10 种胜负关系才能玩。本来就是不想动脑才猜拳的，这下又要动脑了。怎么了吗？我脸上有什么吗？"

"没有，我只是觉得你好厉害，一下子就能用排列组合算出 10 种胜负关系。你果然很喜欢数学。"

世杰没立刻回答，一班地铁驶进月台，乘客像潮水一样涌上月台，然后退去，月台恢复一片宁静。

"我现在偶尔觉得数学还蛮好玩的，但其实，一开始我跟你一样讨厌数学。"

终曲

那些后来的事

20

开松饼店煎松饼

"我以前觉得数学好难，简单的生活都被数学形容得复杂了。
后来我才慢慢知道，数学能够描述的其实是简化又简化、
加了很多假设后的状况。
以为数学很难，只是因为我们原本没有仔细分析生活，
总是在用一种'大概是这样吧'的态度，
还有人类与生俱来的超强直觉过日子。"
"说得真好，听不出来出自讨厌数学的人之口。"
小昭用恶作剧的表情看我。

跟小昭交往一星期了。我唯一的心得是，我要烧掉所有恋爱小说，再也不听任何一首情歌。因为他们描述的幸福根本不到真实的千万分之一，不对，古戈尔普勒克斯（googolplex）①分之一！

"古戈尔（googol）是 1 后面有 100 个零，古戈尔普勒克斯就是 1 后面有'1 后面有 100 个零'这么多个零。举个例子来解释，10 就是 1 后面有 1 个零，1 后面有 10 个零，就相当于是 1 后面有'1 后面有 1 个零'这么多个零！数以次方的形式膨胀。"

"我听到头都要晕了。所以意思是……？"

"我真的很幸福很幸福。"

小昭回给我一个害羞的表情。

"我也是。"

这是我们早上起床后的聊天内容，光是躺在床上传信息，就可以聊上一个多小时。盥洗和吃完早餐后，就开始期待中午约会了。下午，我们会去图书馆或逛街或公园散步，傍晚再找一家餐厅约会。我想过这样很快就会把台北市景点都走完。但小昭笑着说：

"还没咧，要一整天都走重复的组合路线才算走完。假设我们中午吃饭的餐厅口袋名单有 15 家，下午散步、看电影、逛书店的选项有 15 种，晚餐喜欢的餐厅也是 15 家，那总共就要 15 的 3 次方 = 3375 种组合，9 年多以后才会重复。中间假如又各多了一个选项，就会变成 16 的 3 次方 = 4096 种组合，要 11 年多以后才会重复。到那个时候，我已经是个大婶了，你还想带我出门约会吗？"

小昭按完计算器，一脸哀怨地看着我。

"就算到 50 岁，你也一定跟现在一样可爱，不对，搞不好更可爱。"

---

① googol，表示大数，一个 googol 是 1 后面有 100 个零，即 10^{100}。googolplex 是比 googol 更大的数，定义是 10 的 googol 次方，即 $10^{10^{100}}$。——编者注

我握住她的手说。

我从小昭眼里看到自己跟她同时露出笑容，我们坐在永康街的某家咖啡厅，店里的猫从脚边走过。

开在附近的咖啡厅

"虽然在学校附近，但很少来永康街。"

小昭搅拌咖啡，咖啡表面出现浅浅的旋涡，就跟她的酒窝一样。

"这几天来了才知道，这一带咖啡厅真多。"

"开店的群聚效应可以用赛局模型解释的噢。"

我想到之前为了追小昭，自己每天努力提升数感时，曾看到一篇文章：

"今天有一条东西向的街道开了两家咖啡厅，它们的质量、价格都势均力敌，所以顾客只会根据'距离'来决定要去哪一家消费。营业一阵子后，店面开在东侧的老板发现，街道东口到店的这段距离里的客人都会来他这消费，因为他的店比较近。街道西口到另一家店距离里的客人，想都不用想，一定是另一家店的常客。两家店中间距离里的散客嘛，则会依据此刻在两家店的中点东侧或西侧，决定该去哪一家。"

我在餐巾纸上画了一条直线，标出两家店的位置跟小昭解释。想起之前我们也曾经在雪克屋这样讲，那时候我还硬背了微分方程式。

"东侧的老板发现他该把店面往西挪，增加街道东口到他的店之间这段距离，同时两家店的中点会更往西偏，他就可以吸引到更多两家店中间的散客。西侧老板也这么想，同样把店面往东挪。这么一来，两家店逐渐往中间靠拢，最后就聚在一起。"

我在直线的中间画了两个圈圈。

“他们各自拥有东侧和西侧的客人，无法再抢走更多客人。整个系统达成平衡。”

“原来是这样啊。我以为是因为店家想形成聚落，像是家具街啊、书街这样，大家想要买某样商品时就知道一定要去这里。”

小昭露出恍然大悟的神情。

“搞不好也是有可能的噢。毕竟这只是数学上的解释。人们以为数学很困难——”

“那是因为他们不知道生活有多复杂。”

小昭把我的话接完，我们两个都笑出来。

“这是孝和之前跟我讲的，那时候我觉得数学好难，简单的生活被数学形容得复杂了。后来我才慢慢知道，数学能够描述的其实是简化又简化、加了很多假设后的状况。”

我顿了顿说。

“如果把孝和讲过的话做一个统计，其中最常出现的词第一名必定是‘数学’，第二名就是‘假设’了。”

“欣好他们可能也差不多。”

小昭补充，我继续说：

“以为数学很难，只是因为我们原本没有仔细分析生活，总是在用一种‘大概是这样吧’的态度，还有人类与生俱来的超强直觉过日子。”

“说得真好，听不出来出自讨厌数学的人之口。”

小昭用恶作剧的表情看我。

告白的那天，我知道小昭原来和我一样，都以为对方喜欢数学，所以才装成自己也喜欢数学。我向她坦承自己一点儿都不喜欢数学。

"那你为什么吃早餐会看数学讲义。"

"因为前一天晚上忘记给手机充电……"

小昭闪过错愕的表情，整个人大笑。

"怎么了吗？"我忐忑不安地问她。

"真是一场大误会。我当初是因为这样才对你特别有印象，觉得你跟其他在玩手机的人不一样。"

"那你会因为这样不爱我吗？我立刻折断手机，以后每天约会等你的时候都在看数学！"

"傻瓜，干吗这样？要谢谢老天爷给我们这个误会，让我们认识对方。也让我们知道彼此会为了对方，勉强自己去认识数学。"

"数学是老天爷给我们的试炼吗？"

小昭靠在我身上，温柔地说："谢谢你努力通过了这个试炼。"

大尺寸圆形鸡蛋糕的最佳制作方法

小昭点的英式松饼上来了，坦白说我以前对松饼的印象是"大尺寸圆形鸡蛋糕"（可丽饼则是"甜蛋饼不加蛋"），但小昭好像很喜欢这类食物，我也开始学习喜欢它。

"他们的松饼好蓬噢。"

小昭拿出手机拍照。有些时候我觉得女生跟男生的美感是完全不同层次的。好比拍食物，同样一份松饼下午茶，小昭拍得像美食杂志封面，我拍起来像战争中的补给口粮。

"真好吃，我也会煎松饼，但没办法这么好吃。"

"你味觉有问题。"

小昭愣了一下，我继续说：

"你煎的一定是全世界最美味的，这种小店怎么可能有你做的好吃。"

我装作没看到一脸怒气的店员。

"谢谢你，下次我做一份给你吃。"看起来很开心的她，切了一片松饼到我的碟子里，边倒蜂蜜边说，"煎松饼很花时间，一份松饼粉可以煎个 10 来片，用平底锅一片每面要煎 1 分钟左右，每次一弄就要快半小时。煎好最后一片，第一片都冷了。前几天煎松饼时我就在想，应该一次煎两片才对，这样只要一半的时间就好。反正松饼不大，不会用到整个平底锅。"

我想象着松饼跟平底锅的大小，好像是这样。

"然后我发现，重点是倒面糊的位置。煎两片的话，第一片不可以倒在平底锅的圆心，要倒在某一条半径的中点。另一片倒在这条半径通过圆心延长的另一侧半径的中点。只要松饼半径小于平底锅半径的一半，这样煎就没问题。"

一个大圆的直径上有两个小圆，小圆半径都是大圆的一半。且三个圆彼此相切。我脑海里浮现这个画面，很像日本算额上的图案。小昭继续说：

"然后我就在想，那能不能放三片呢？"

"应该可以？三个小片的圆心会形成正三角形。正三角形的外心刚好是平底锅的圆心。"

"对啊，我查资料发现还真的有人在研究'大圆包小圆'的问题，刚刚说的两片状况，平底锅的最大使用效率是 50%，三片时效率可以提升到 65%，目前所知从摆两片到摆 19 片的最佳摆放方法是 7 片。"

这次换小昭在餐巾纸上画图了，她在中间画一个小圆，外面绕着 6 个小圆。

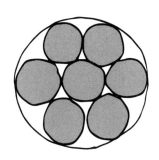

"每个松饼的半径是平底锅的 $\frac{1}{3}$。所以总面积是平底锅的 $\frac{7}{9}$，约是 78%。如果平底锅直径是 24 厘米，煎出来的松饼直径就是 8 厘米，大小刚刚好。我后来上网找松饼烤盘，发现有很多这样 7 个一组的设计噢。"

小昭越讲越开心，我可以体会那种心情。

"不过我把这个发现跟欣好他们讲，都没人回我。"

她的语气像自由落体。我们在一起的当晚后，我给孝和传信息，他只说了一句"恭喜"，就再也没回我。放寒假后，在学校也找不到他。我原本猜他是担心我生气从头到尾被他们一群高中朋友蒙在鼓里，还跟他说："我不在意你们联手骗我们，逼我们学那么多数学，反正最后我成功跟小昭在一起了。"

谁知道他依然已读不回。传给阿叉也是这样。听小昭讲，商商跟欣好也都没有回她。上半年每天在我们周遭打转的他们仿佛从来不存在似的，一点儿也没消息。

"他们出了什么事吗？还是不想理我们了呢？"

"我也不知道，难不成他们是来自数学之国的丘比特，完成了任务又回到数学之国去了吗？"

我开玩笑说，小昭"哎"了一声。

"你跟孝和还有积木都被欣好加入了超展开数学约会群组。"看到 LINE 跑出了这个通知，我点开一看，孝和在里面发了一句话。

"要来数学之国玩吗？"

21

超展开数学教室

"你们知道逻辑曲线吗？"

才一个问句，教室里的气氛就微妙地改变了，

进入了上课模式，每个人都专心聆听云方说话。

这就是超展开数学教室的师生默契吗？

"有两个人乐于分享数学趣味，跟有 100 个人乐于分享数学趣味，

理论上应该是后者传播速度比较快吧。

因为知道的人更多，当 100 个人都各自再找一个人分享，

人数瞬间就变成了 200。从这个角度来思考，

数学趣味散布的速度和推广数学趣味的人数成正比，

这句话的数学表示法为……"

夕阳下，世杰和小昭走进校门。

"我们是回来看老师的。"

"我们从高中起就是同学了。"

校警挥挥手放他们进来，小昭从校警看不到的角度肘击世杰。

"我是故意让他松懈，分散注意力。不然等一会儿他问我们是哪一班的就穿帮了。"世杰装作很痛的样子笑说。

他们来到社团大楼。楼梯间，阿叉和欣好的声音仿佛欢迎他们似的，远远从楼上传下来。

"阿叉你折错了啦……这样折不出正二十面体的。"

"哪里，我只是先折这边，等等再折这边……"

走上三楼，整排教室只有一间亮着灯。

"你知道有一种捕鱼法吧，就是在深夜的海上点火，然后鱼就会靠过来。好像是在新北市的金山吧。"世杰说。

"磺火捕鱼吗？怎么忽然讲这个？"

"也不知道为什么，就只是忽然觉得我们很像是被光线吸引的鱼。"

世杰搔搔头说，他们来到教室门口，熟悉的身影出现在眼前。欣好和阿叉正在折纸，本应该在国外的积木拿着一副扑克牌，看起来在练习魔术，商商在用笔记本计算机，旁边放了一本《三国演义》和一叠计算纸。黑板上写着满满的数学公式，孝和跟一个人站在讲台上讨论着。

"这里就是数学之国吗？"

世杰一出声，所有人停下手边的事情往门口看过来。

"什么数学之国，这里是超展开数学教室。"

欣好指着门牌，世杰抬头一看，教室门牌还真的写了这几个字。

小昭跑过去扑到欣好身上。

"欣好学姐，我还以为你们不理我们了！"

原本打算继续吐槽世杰的欣好被这么一扑，表情变得柔和，她拍拍小昭的背说："我们不是不理你，是这几天在帮老师筹办给小朋友的冬令营，累死我们了。"

"两位就是小昭和世杰吗？你们好，我叫云方，是他们的高中数学老师。"

"只教了一学期的老师。"

"差点儿被免职的老师。"

"都在聊生活数学，没上正课的老师。"

"哎哎，你们也让我在第一次见面的同学面前保留点尊严。"

云方苦笑，对大家的吐槽毫无抵抗。孝和走过来拍拍世杰的肩膀。

"不好意思啦，骗了你这么久。"

这个场景在世杰脑海中已经预演过好几次了，虽然整件事情起先是小昭跟他对彼此的误会，以为对方喜欢数学，但说到底还是孝和他们在旁边的"努力"，让他们的误会越来越深。他还想过，说不定他讲的数学题材，欣好也都教过小昭，他们才可以在约会时这么一搭一唱，更以为彼此热爱数学。

根本是耍人嘛。

但世杰也清楚，如果没有孝和他们不断制造机会，安排联谊、出游，他跟小昭进展得就不会这么顺利。从一个角度来看，这是长达一学期的整人计划，但从另一个角度来看，他们又是媒人。世杰还真不知道该用什么态度面对他们。

"唔，算了，没关系啦——"他支支吾吾地说。

"哈哈哈，你们真的被骗超级久哎！中间都没有怀疑过吗？"

阿叉在一旁大笑。世杰一看，所有人都在笑，云方行举手礼跟

他说："真不好意思，他们就是这样。"

小昭也边笑边说："我觉得世杰是喜欢数学的噢，只是认识你们之前他自己也不知道这件事。"

他感觉到自己嘴角上扬，开玩笑地跑去踢阿叉的椅子。

"一开始欣好问我认不认识你，我就大概知道是怎么回事了。"

外送比萨来了，大家坐成一圈吃饭。

"我问他系上有没有一个叫世杰的很喜欢数学的人。"欣好说。

"那时候我正在教你牛顿冷却定律。"

孝和吃了一口比萨。小昭靠着世杰问："就是咖啡厅的实验吗？"

世杰点点头，孝和说："实验要考虑很多外在因素，例如液体颜色也会影响散热，还有杯子的材质，等等。随便有一些误差，结果就会不对了。那次实验顺利，是你们的缘分帮忙吧。"

孝和对世杰使了个眼色。世杰忽然想起，当时他要证明"先静置后倒牛奶"去柜台拿冰牛奶，老板娘特别从冷冻库里拿出一杯冰牛奶。当时他还觉得有些奇怪，明明桌上还有一罐，干吗要从冷冻库里拿？

难道是孝和先请老板娘特别准备的？

他盯着孝和，孝和没理他继续说："欣好叫我不要讲，她想恶作剧一下。我原本想说你们应该很快就会穿帮了，但没想到你们为了对方都很努力。"

小昭跟世杰对看一眼。

"努力欺骗对方。"阿叉笑说。

"努力为了对方让自己成为更好的人。"商商纠正阿叉。孝和接着说："我就想说再等一下，而且到后来，我发现至少你是越来越喜欢数学，开始在生活中也融入了数学思考。"

"小昭也是啊。"听了欣好这么说，孝和问我们："是吗？"

"不知道。"

"你们刚刚上楼梯的时候数过有几阶吗？"

世杰摇摇头，阿叉问："那试过 S 形上楼梯的方式吗？"

"我前阵子发现这样走好像比较省力。"

那就是了啊！大家又笑成一团。云方在旁边补充解释：

"孝和算过，斜着走可以让楼梯的斜率等效来说变得比较小，所以这样上楼梯会比较轻松。"

"我没算过，就只是感觉这样而已。"

世杰嘴硬回答。

"没算过也没关系，你听过语感吗？数学上也有所谓的数感，你不一定要很清楚数学的所有细节，隐约知道这个跟数学有关，在生活中能使用数学来处理、面对一些问题，这就是数感了。"云方回答他。

向来是好学生的小昭先举手才发言：

"我的确有感觉到，这星期就算没有跟欣好和大家联络了，我跟世杰的对话里还是常常有数学。"

小昭把他们前几天在咖啡厅的对话告诉大家。阿叉伸手搭住世杰的肩膀。

"不错噢，数感越来越好了。"

"你们知道逻辑曲线吗？跟刚刚讲到的冷却定律一样，都是微分方程的一种应用。"

云方开口问道，孝和点点头，其他人摇头。世杰察觉到，才一个问句，教室里的气氛就微妙地改变了，进入了上课模式，每个人都专心聆听云方说话。这就是超展开数学教室的师生默契吗？

"假设在时间点 t，喜欢数学且乐意传播数学趣味的有 $N(t)$ 个人。有两个人乐于分享数学趣味，跟有 100 个人乐于分享数学趣味，理论上应该是后者传播速度比较快吧。因为知道的人更多，当 100 个人都各自再找一个人分享，人数瞬间就变成了 200。从这个角度来思考，我们知道数学趣味散布的速度和此时正在推广数学趣味的人数成正比，这句话的数学表示法为……"

云方在黑板上写下

$$N'(t) \propto N(t)$$

他接着说：

"但倘若今天全台湾地区只剩 10 个人讨厌数学，推广速度就会变得很慢，因为这时候你跟旁边的人讲数学好玩，他会很开心地跟你讨论，你没有让一个不喜欢数学的人感受到数学的趣味。太多人知道，导致许多知道的人只能将信息传给已知的人，白白浪费了传递的机会，降低散布速度。数学上来说，这句话的意思是

$$N'(t) \propto (S - N(t))$$

其中 S 是全校人数，$\propto$ 是成正比的意思。整合连续两个式子，再将正比用一个常数符号 k 来表示，我们就能得到散布数学趣味的数学方程式。"

"短短一个句子里有好多数学，真拗口。"

阿叉说话的同时，云方在黑板上写下

$$N'(t) = kN(t)(S-N(t))$$

一直沉默的积木此刻发言：

"k 就是指传播的力道对吗？同样是传播，如果是数学可能会比较慢一点，但如果是八卦新闻就会很快。"

"可能也跟传播者的技巧有关，会讲的人可以很快传播出去，刚开始分享的人会比较慢。"

云方点点头。

"不过你们还是做到了啊，让我们多了两位新成员。"

大家的目光投向小昭跟世杰。被大家看得有点不好意思，世杰说："好啦，我的确一开始非常讨厌数学，因为我对数学的印象就是计算。但这一学期下来，我发现数学真的还有蛮多功用的，能够描述生活中的场景，帮助我们做决定。"

"还能够帮你追到你的理想情人。"

阿叉一接话，大家都笑了出来。云方放下粉笔，很开心地跟世杰和小昭说："我们正在准备给小朋友的数学冬令营，需要更多喜欢数学的工作人员，你们要不要来帮忙呢？"

世杰和小昭对彼此露出会心一笑，他们又对云方点点头。

"谢谢老师！"

超展开数学教室就这么又多了两位成员。

外传

外传 1

地铁地下委员会

一条昏暗的地铁隧道在孝和眼前展开。

四五米挑高，往深处望去，有种整个人要被吸进去的错觉。

轨道上铺了好几大片塑料地板，他们坐在上方。

空气中弥漫着一股柴油发电的油气味，几十条电线从发电机出发，

像地底才有的藤蔓品种，攀爬上水泥墙，抵挡不过重力，

从隧道顶垂吊下来，开出一朵朵橙黄色的工业灯泡。

不远处，有一块用伸缩围栏拉出的区域，

几片模糊的身影侧躺在那儿。

更远处有许多箱子，整齐地堆叠着。

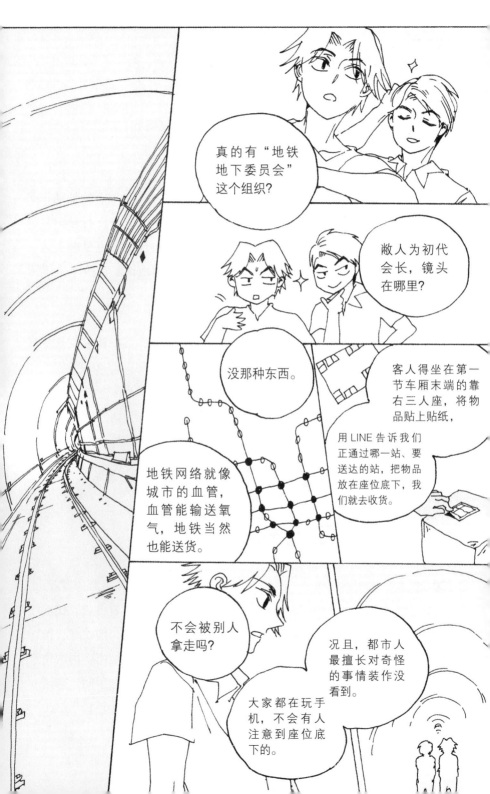

才到中正纪念堂站吗？今天看书的效率还挺高的。

孝和放下手中的讲义。

上大学后，他养成了在地铁上阅读的习惯。早上 11 点的地铁车厢空荡荡，仿佛是为了将郊区的新鲜空气运送到市中心而行驶，只有孝和与另一位乘客。那人身旁摆了个纸箱，乍看之下也是刚上大学的年纪，却散发出一股同学没有的气息。正确地说，是少了大学生的青春气息，更像社会人士。

为什么可以这时候在地铁上，业务员吗？不，业务员不应该穿休闲衬衫跟牛仔裤……

孝和猜测起对方背景，借此打发时间。

列车抵达台电大楼终点站。孝和下车，转身面对月台，等开往公馆的下一班列车。

忽然，他意识到月台上只有自己一人。

那家伙不见了。

几天后孝和又遇见他了。

那人坐在相同的位子，偶尔看手机，大多时间往漆黑的窗外看着。或许是错觉，孝和觉得投影在窗户上的那张脸不时窥视着自己。比起无趣的学校，曾经莫名其妙消失的家伙让孝和更感兴趣。他没在公馆下车，一路来到了终点站新店。下车后，孝和保持一段距离，用眼角余光观察对方，两人一前一后上电扶梯、出站。站外的洗手间，清洁人员正摆上"清理中"的黄色告示，那家伙却视若无睹地走了进去。

"不好意思。"

孝和低声道歉后也跟了进去。

那家伙站在最内侧的小便斗前，与孝和对望了一秒，又像没看见他似的，转过头吹起口哨。孝和走向小便斗。忽然，三间厕所门都被推开，三个邋遢的中年男子走出来，挡住孝和的去路，从他们紧靠的身上传来一股刺鼻体味。孝和察觉不对劲，准备转身离开，却被一支拖把从背后顶住。

"不要动。"

清扫人员的声音从看不见的死角传来。

"上完厕所的瞬间最舒服了，呼。你是怎么发现的？"

孝和没回答。对方吹着口哨走过来，似乎是英国摇滚天团 U2 的 *With or Without You* 的旋律。他伸出手。

"我叫赖皮，你好。"

"你还没洗手。"

"真的有'地铁地下委员会'这个组织？"

"敝人为初代会长，镜头在哪里？"

"没那种东西。"

孝和伸手制止赖皮比"胜利"的手势。尽管刚认识，两人却像老友一样打闹着。孝和觉得赖皮和他高中"死党"很像，都是思维很超展开的人。

"不能拍照噢，禁止摄影。"

赖皮露出正经的表情，孝和吐槽道：

"这里是博物馆吗？"

事实上，这里恐怕是跟博物馆相差最远的地方了。

一条昏暗的地铁隧道在孝和眼前展开，四五米挑高，往深处望去，有种整个人要被吸进去的错觉。轨道上铺了好几大片塑料地板，他们坐在上方。空气中弥漫着一股柴油发电的油气味，几十条电线从发电机出发，像地底才有的藤蔓品种，攀爬上水泥墙，抵挡不过重力，从隧道顶垂吊下来，开出一朵朵橙黄色的工业灯泡。不远处，有一块用伸缩围栏拉出的区域，几片模糊的身影侧躺在那儿。更远处有许多箱子，整齐地堆叠着。

20分钟前，赖皮带孝和搭上终点站是台电大楼的列车。

"赶快躲到椅子下。"

赖皮边指挥孝和，自己躲到对面椅子底下。站务人员的脚从他们面前经过，没停下来，不知道是没看到，还是跟赖皮有默契。他们在折返的袋状轨处扳开车门，步行到原本摆放备用列车、如今已荒废的轨道。

这是地铁地图上没有的区域，同时也是地铁地下委员会的总部。

"还是不相信吗？"

赖皮发出啧啧啧的声响，皱起眉头。

"人类真容易被'常识'束缚，常识里不该有的存在，亲眼见到了也无法相信。"

他装起客服人员的腔调。

"各位先生女士，地铁地下委员会起源于1996年。当时淡水线刚通车，游民喜欢躲进尚未启用的隧道里生活。当局发现后，一方面同情游民生活，另一方面怕强力驱赶引发社会问题，便睁一只眼闭一只眼。为了感谢地铁局通融，游民主动协助工程。双方就像小丑鱼跟海葵互利共生。尔后地铁网络发达，迁徙至地下的游民也越来越多，便成立了地铁地下委员会。他们除了协助工程，今年更将触角延伸至送货服务。"

"送货服务？"

赖皮点点头。

"地铁网络就像台北市的血管，血管能输送氧气，地铁当然也能送货。"

"我们不仅是小丑鱼，还是红细胞。"赖皮双手叉腰，一脸得意的样子。

地下委员会的送货方式是这样的：某几站的厕所扫具间里设有贩卖机，贩卖一张 50 元、上面绘制了"U2"的黑底红字贴纸，贩卖机上有二维码可加 LINE ID。

"为什么叫 U2？"

孝和把玩着赖皮递给他的贴纸。

"因为是地铁（underground）的地下（underground）服务委员会啊，刚好两个 U。"

"这里的地铁系统简称 MRT，又不是 underground，根本是因为你喜欢 U2 乐队吧。"

"那是巧合。"

赖皮不理会孝和，继续解释。

"客人得坐在第一节车厢末端的靠右三人座，将物品贴上贴纸，再用 LINE 告诉我们此刻正通过哪一站、要送达的车站，再把物品放在座位底下，我们就会去收货。"

"不会被别人拿走吗？"

赖皮用"这是什么问题"的表情瞪了孝和一眼。

"现在车上每个人都在玩手机，不会有人注意到座位底下的。况且，都市人最擅长对奇怪的事情装作没看到。"

果然又是常识害的吗？孝和心想。

"收到后，我们会于 24 小时以内以遗失物品的名义送达该站服务处。之后，收件人就可以去取货了。"

解释完，赖皮又吹起口哨，这次换成 U2 乐队的 *Pride*（*In the Name of Love*）。孝和采取正面攻击发问：

"干吗告诉我这么多？"

"因为我们需要你的帮忙。"

赖皮露出狡猾的笑容。到这边起才是重点。

赖皮起身走向墙边，孝和跟在后头，墙上贴了几十张表格，记录不同站间的乘车时间。

"我们最近送货服务越做越好，开始有些忙不过来，所以得好好规划起送货流程。好比说，等一会儿轮到仁叔送货。"

赖皮往休息区一指，也不管孝和到底有没有搞清楚仁叔是谁，说："他得送到'板桥、中山、动物园、徐汇中学、南京复兴、市政府、善导寺和大安森林公园'8 站。你觉得送货顺序怎么排会比较好？"

乘车时间（分）	台电大楼	板桥	徐汇中学	南京复兴	市政府	动物园	中山	善导寺	大安森林公园
台电大楼	--	18	27	16	22	31	11	13	10
板桥	18	--	35	20	23	39	15	14	24
徐汇中学	27	35	--	18	26	41	14	20	25
南京复兴	16	20	18	--	11	18	4	10	10
市政府	22	23	26	11	--	26	15	9	17
动物园	31	39	41	18	26	--	27	24	21
中山	11	15	14	4	15	27	--	7	10
善导寺	13	14	20	10	9	24	7	--	9
大安森林公园	10	24	25	10	17	21	10	9	--

"这是旅行业务员——"

赖皮打断孝和。

"我是这样安排的。

赖皮的直觉法	台电大楼	板桥	徐汇中学	中山	南京复兴	市政府	动物园	大安森林公园	善导寺	台电大楼	总和
	18	35	14	4	11	26	21	9	13	--	151

根据地铁局公布的时间，需要花——"

"151 分钟。"

换孝和打断赖皮。

"好厉害！这么快就算出来了。"

赖皮提高音量，发出由衷的赞美。孝和的表情没有任何变化，依然专注地看着墙上的表格。

"地表人真没礼貌，被赞美了难道不该道谢吗？"

"你有两只手跟两只脚，好厉害。"

"这跟那有什么关系？"

"看吧，你也没说谢谢。听到对方陈述一件事实，本来就不需要道谢吧。"

赖皮做出下巴脱臼的夸张姿势，然后嘴角露出反击的笑容。

"也是，毕竟是数学天才孝和嘛。"

突然被叫出本名，孝和还没反应过来，一本书先出现在眼前。

"上周有人用我们的服务送了这本《超展开数学教室》，我一看，就觉得书里的人好眼熟，跟地铁上常看到的某位大学生很像。"

被将军了，孝和哭笑不得。

前阵子，他们高中时期和老师云方用数学解决各种生活问题的经历被出版后，"死党"阿叉还用 LINE 问他：

"怎么办，会不会有人在路上认出我们啊？"

"你放心吧，书被分在数学科普类，通常不会卖很好。"

"什么嘛——"

孝和这才意识到原来阿叉是巴不得被认出来。没想到先一步被发现的是他，还因为这本书被卷入了这近似都市传说的组织。

"我知道了。你要我帮忙排送货流程吗？"

赖皮点点头。

"跟聪明人讲话真轻松。现在都靠我慢慢排，其他人懒得要命，要是不事先排好，他们就会随便选。像仁叔每次都选'最近的下一站'，照他的方法这趟得花 181 分钟，比我规划的多了半小时，太浪费……"

最邻近搜索法	台电大楼	中山	南京复兴	善导寺	大安森林公园	市政府	板桥	徐汇中学	动物园	台电大楼	总和
	11	4	10	9	17	23	35	41	31	--	181

赖皮噼里啪啦地讲着，孝和将他的话视为背景噪声，脑海里开始运算。等赖皮告一段落，他才开口：

"这是标准的旅行业务员问题（traveling salesman problem）。"

"嘎？"

"我刚一开始就说了，是你打断我的。"

"想象有位业务员要造访很多城市，城市间有道路连接。以造访完所有城市为前提，业务员该如何规划造访顺序，才能走最短距离、花费最少时间，这就是旅行业务员问题。"

孝和在地下几十米深的地方上起数学课。

"仁叔的'最近站为下一站'是最邻近搜索法（nearest neighbor search）。"

"仁叔的方法也是数学家提出来的？当数学家也没想象中的难嘛。"

赖皮不以为然地说，孝和瞪了他一眼。

"最邻近搜索法的优点在于简单，但效果通常不好，用像你这种程度的大脑去规划一下，往往就可以得到更好的结果。"

"太失礼了吧，什么叫作'像我这种程度的大脑'，全台湾有谁比我更了解地铁，你能背出淡水信义线沿线每一站吗？淡水、红树林……"

赖皮念咒似地背起来，孝和研究乘车时间表格，圈起其中几个字段。

"大安森林公园、信义安和、大安……颠倒了……这几站安来安去真烦。你知道吗，我常因此被下错站的观光客问路……101、象山站！"

"不错嘛，真的背完了。"

"当然，哈哈。你把这几个圈起来做什么？"

孝和原本想说"这才叫赞美，因为你做了超乎预期的事"，但看到赖皮一脸得意，他反而失去了嘲讽的兴致。

"另一种简单的方法叫作贪婪算法：**每次都将最短的两站间路径加进路线**。比方说，中山站到南京复兴之间的路径最短，只要 4 分钟，

所以是第一条要纳入的路径。再来，善导寺跟中山站之间的路径第二短，只有 7 分钟，也要纳入路径。这么一来会得到'善导寺→中山→南京复兴'或反过来'南京复兴→中山→善导寺'两种路线。"

"再来是 9 分钟的市政府或大安森林公园到善导寺，路线扩充成'市政府或大安森林公园→善导寺→中山→南京复兴'吗？"

孝和点点头。其实旅行业务员问题还有很多效果更好的算法，例如插入法（insertion algorithm）、分支定界法（branch and bound），但讲解起来太过复杂，他便选了跟最邻近搜索概念相似的贪婪算法。孝和列出贪婪算法结果。

贪婪算法	台电大楼	板桥	徐汇中学	大安森林公园	动物园	市政府	善导寺	中山	南京复兴	台电大楼	总和
	18	27	25	21	26	9	7	4	16	——	153

"共计 153 分钟。"

"比我的规划慢 2 分钟。"

赖皮摸摸下巴，对孝和投以怀疑的眼神。孝和不屑地用鼻子喷了口气，冷笑说：

"有经验的人靠直觉解旅行业务员问题，本来就可以得到不错的结果。但你刚才不是嫌只有你才会排吗？用贪婪算法的话，只要遵守规则，仁叔也能排出跟你精心设计的路径差不多的结果噢。"

孝和顿了顿。

"只要善用数学，一般人跟'专家'的距离就能缩小。更何况我还没讲完。"

孝和指着倒数的中山站和南京复兴站说:"我们交换这两站的顺序。从'**善导寺→中山→南京复兴→台电大楼**'变成'**善导寺→南京复兴→中山→台电大楼**'。有两条路径会因此变更。"

孝和画出示意图。

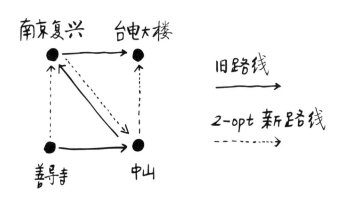

"因为有两条路径变更,我们称之为两元素优化 (2-opt),优化后变成 151 分钟,跟你的方法一样了。"

赖皮表情变得复杂,他既不想被超过,又因为找到好方法而开心。

孝和看了好笑,用带点安慰的口吻说:

"你的路径也可以靠 2-opt 改善。另一种方法是直接调整某站在排序里的位置。比方说把南京复兴从善导寺跟中山之间,移到动物园跟市政府之间。这个调整会导致三条路径要重算,因此称为三元素优化(3-opt)。"

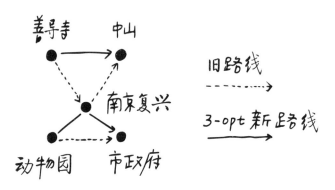

"优化后再少 4 分钟。重复 2/3-opt 四次后可以得到这样的结果。

贪婪算法 +2/3-opt	台电大楼	板桥	善导寺	市政府	动物园	南京复兴	徐汇中学	中山	大安森林公园	台电大楼	总和
	18	14	9	26	18	18	14	10	10	--	137

只要 137 分钟就能送货完毕,比仁叔的方法快了 25%。整套调整的方法称为 Lin-Kernighan 算法。"

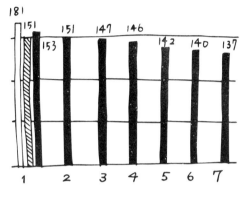

■ 贪婪算法 + 2/3-opt
▨ 赖皮的直觉
□ 最邻近搜索法

（使用 2/3-opt 改善的次数）

赖皮拿起笔自己算起来，孝和注意到他的握笔姿势怪怪的，宛如小学生的字体逐渐填满整张白纸。几分钟后，赖皮赞叹：

"原来这就是数学，将事情变得有逻辑，用有系统的方法解决。"

一个念头在孝和心中闪过。

"赖皮，你该不会——"

"嗯，我是在地铁上被发现的弃婴。当时收留我的就是仁叔。地铁地下委员会最初也是为了照顾我而成立的组织。"

原来眼前的人连身份证都没有，是真正的幽灵人口。

孝和揣摩着游民们捡到赖皮时的心境。一个新生儿的出现，对他们来说必然是个负担，但或许也带来了生存下去最必须拥有的两种情感："希望"与"被需要"。

赖皮搔搔头说：

"名字是仁叔乱取的，我才不是真的姓赖咧。我的知识都是自学来的，虽然常听说上学很无聊，不过我还是羡慕能上学的人。所以

看到你们的《超展开数学教室》才这么兴奋。我想体验看看，就算一次也好，进教室听课。"

"你会失望的。"

"失望也是人生的一部分。"

赖皮摊了摊手。

"好吧。那你有没有想过干脆离开地底，回到正常的社会生活呢？"孝和摇头回答。

赖皮笑着说："对我来说这里是家。尽管家里比较脏乱，环境比较不好，但你会因此离开家里吗？"

孝和完全懂赖皮的意思。他自己也是这样想的，所以尽管这几年来台湾地区的状况越来越不好，但他依然没有接受长辈们的建议到国外念大学。

一股莫名其妙的认同感驱使他说出："好人做到底，我回去后写个程序。以后你们只要输入站名，程序就能输出最佳送货顺序。"

"太棒了！身为地下委员会主席，我要好好感谢你的帮助。"

赖皮从口袋里掏出厚厚一叠的贴纸。

"我授予你地下委员会荣誉委员，可终生免费享用送货服务。"

谁需要这种东西啊？孝和正想推辞时，赖皮说："附带一提，你也可以在雨伞上贴这个。要是雨伞掉在地铁上，赶快传短信给我，我们立刻帮你送回去。这算是变相的失物招领服务。"

这还挺有用，孝和收下了贴纸。赖皮转身，利落地从轨道跳上月台，回头对孝和伸出手。

"我送你回去吧。"

迟疑了一下，孝和伸手与赖皮相握。

"你到现在还是没洗手。"

"哈哈哈。"

"赖皮这名字取得不错，跟你的个性很贴切。"

"当然，家人取的嘛。"

孝和仰望月台上的赖皮，工业灯泡的光泽在他眼底流动，衬着昏暗的地铁地下隧道，显得格外闪亮。

一周后，孝和把程序寄给赖皮，附了一份程序代码说明。如今每当想起有一群人定居在巨大的地铁地下网络中，孝和就感到奇妙。

车门打开，上午 11 点的地铁上空荡荡，仿佛只是为了运送郊区的空气到市区。他从包包里拿出一件篮球球衣、一本在二手书店找到的历史小说，这是要给高中"死党"阿叉以及他女友商商的。他在书里夹了张纸条，上面写了"下周四一起回学校看老师"，再将书与球衣装进袋子，贴上 U2 贴纸。

地铁停车，上来一整群校外教学的小学学生，用高分贝的交谈塞满整节车厢。孝和站起来，往第一节车厢走去。

来到最末端的座位，他瞥见座位底下隐约有个物体的轮廓。有人先一步送了货吗？他弯下腰检查。

此时，后方传来熟悉的声音。

"客人，送货吗？"

用数学找出班上的风云人物

孝和发现教室里只剩自己。

一算数学就会失去与外界的连接，这是孝和的老毛病。

走出教室，运球声从篮球场上传来。

那个"篮球男"阿叉一定正在打球吧，

这么想的时候，孝和看见阿叉站在前方。

"我捡到一个皮包。"

"送去警察局啊。"

"证件上的地址刚好在学校附近，

皮包掉了，那人一定很紧张，这种情况下送到他家比较好吧？"

"好啊，加油。"

"等等，这种情况下应该说'好啊，我陪你去'。"

"应该是班长吧。"

孝和盯着计算纸自言自语，纸上是一幅错综复杂的"连连看"。放学前的扫除时间，同学们一群群地在打扫、嬉闹、聊天。孝和像滴入一杯水里的油，被隔绝在教室欢乐的氛围之外，独自坐在位子上。他露出一丝笑容，这个状况到今天就会结束，因为他已经算出来，该跟谁交朋友了。

这是他转学的第三天。

一个多月前，爸爸因为工作被调到外地，孝和全家得搬家。晚餐桌上，妈妈带着歉意说：

"对不起，得让你跟好朋友分开。"

"什么？为什么特特不能一起带走？"

看到妈妈不解的眼神，孝和才知道她说的是学校里的朋友，不是从小每天晚上陪他睡觉的泰迪熊"特特"。

"放心，我没朋友。"

听到孝和用"别担心"的口吻回答，爸爸妈妈更担心了。

"到现在还没交到朋友吗？"

"对啊。"

"在学校不会无聊吗？"

"不会啊，我每天从爸爸书架上拿一本数学书，现在看到第三排的第六本，一本讲图论的书，超级好看的，不可能有同学比图论还好玩。"

孝和露出满足的笑容。

"都是你啦，怎么会有中学生看过的数学书比交过的朋友还多。"

爸爸搔搔头不知道该怎么回答，他是一位对数学狂热的工程师。

受到父亲的影响，从小比起一般玩具，孝和更喜欢数学益智游戏。也因为这样，他在学校一直没办法交到朋友。他成绩很好，人也很善良，但对大多数同学的爱好从不感兴趣，加上经常问倒数学老师，久而久之，同学们对孝和充满敬畏，不敢亲近。

与其说是被排挤，不如说是孝和独自排挤了全班更恰当。

"知识虽然很重要，但朋友更重要。到新学校要好好交新朋友。"妈妈神情凝重地叮咛，"不然会变得跟爸爸一样噢。"

"变成跟我一样就真的不太妙了。"

孝和是个很体贴的小孩，他看见了父母眼神里的担忧。好吧，到新学校后就交朋友，既然要做就做到最好，直接以"成为班上的核心人物"为目标吧。

"千万不要把交朋友看成在解数学题目噢，交朋友不是用脑，是用这里的。"

妈妈轻拍孝和的胸口。

"大家好，我是孝和，喜欢的科目是数学。"

第一天早上自我介绍完，孝和从讲台走向他的位子。他知道班级是小型的社会缩影，每个人都有自己的朋友圈，然后，还有一两个所谓的风云人物，班上的风气是由他们来决定的。如果第一位朋友是这种人，他在班上的地位自然也会蹿升。

问题是该怎么找到风云人物呢？

"……你数学很强噢，那我们来交换，你教我数学，我可以教你……"

孝和注意到有人在跟他讲话，他往右转，一个和自己差不多高、穿球裤的男生咬着笔。

"……篮球！"

孝和笑着点头，他对这种过度热情的人最没办法了。而且比起响应，他有更重要的事情要做：他想出来怎么利用数学找出风云人物了。

三天后，孝和用刚学的图论整理出一份班上同学的人际关系。一个同学表示一个顶点（vertex），两个人倘若要好，他们的对应顶点就用一条线相连，称为边（edge）。一个同学有几位好朋友，顶点就会有几条边，此数目称为度数（degree）。

直觉上我们会误以为风云人物是人缘最好、度数最大的顶点。但孝和觉得，风云人物的重点在"感染力"，只要他做什么，其他人就会被影响，跟朋友数目没有绝对关系。

"你在玩连连看吗？看不出来连起来会变成什么哎。"

"毛线球。"

"怎么会有连连看连出来是毛线球的？是给猫玩的连连看吗？"

"篮球男"又凑过来打乱孝和的思绪。

"篮球男"，大家都叫他阿叉，在班上人缘最好，拥有的度数比第二名还多 5，每节下课都跟不同的同学聊天。孝和心想，但他绝对不是班上的风云人物，因为他没戴幸运手环。

第一次踏进教室，孝和就注意到班上很多人戴着彩色棉线编成的幸运手环。"你也戴了吗？""下课我们去买一条吧。"听到同学们的对话，他就知道这一定是风云人物引领的流行。孝和将有戴幸运手环的同学顶点用蓝笔涂满，于是像溢出的地下水一样，关系图中间浮现一大片蓝色区域。现在的问题是，该怎么从这里面找出源头是谁？

先假设源头是看起来就很像领导人物的班长吧，孝和用铅笔将班长代表的顶点圈起来。如果是班长开始戴幸运手环，接下来将传到跟班长要好的那几个同学，孝和将这些人与班长之间的边用铅笔描深，再将这些人代表的顶点也圈起来。下一次可能被影响的对象，就是与这几个被铅笔圈起来的顶点联结的点。

如果说班长是核心，与班长要好的人是第一圈，那么接下来被影响的人就是第二圈。孝和将第一圈与第二圈之间的边再描深。接着继续往第三圈、第四圈画下去，直到所有戴手环的人都被铅笔圈起来。

他将图拉远，原本觉得像是以班长为核心的铅笔同心圆，此刻看起来更像一颗以班长为根的树，他想起图论里介绍过，一张连接好的图可以画出一棵树（tree），有很多不同的画树方法，他此刻使用的恰好是广度优先树（breadth-first tree），班长则是树的根（root）。

照这样来看，班长很有可能是这次流行的源头。

但孝和马上发现他想错了，因为用其他人作为根依然也可以画出一棵树。能画出一棵树不代表什么，关键应该是，假如能画出一百棵树，以谁作为根的那棵树出现的概率最高。这时根据最大似然估计（maximum likelihood estimation），就可以知道谁最有可能是风云人物了。

孝和发呆了几分钟，改从玩具范例（toy example）下手，将问题的维度变小以便思考。他在另一张白纸上画着。

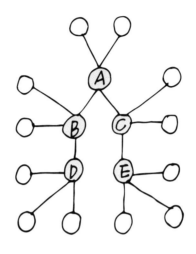

时间点 可能路径	1	2	3	4
1	A→B	A→C	B→D	C→E
2	A→B	A→C	C→E	B→D
3	A→C	A→B	B→D	C→E
4	A→C	A→B	C→E	B→D
5	A→B	B→D	A→C	C→E
6	A→C	C→E	A→B	B→D

　　这张图共有 17 个点，中间 5 个涂色的点表示戴幸运手环的人。以 A 为根可以画出一棵广度优先树，从 A 出发，到第二轮的 B 与 C，再到第三轮的 D 与 E。

　　但倘若每次只有多一个人戴手环，则可能是 A 传给 B，A 再传给 C，然后 B 传给 D，最后 C 传给 E，写作 $A \to B \to D$，$A \to C \to E$；也

可能是别种传递方式，算算共有 6 种传法可以完成这棵广度优先树。

同一棵树有这么多不同的排列可能性，孝和对结果感到些微讶异。

下一个问题是，每一种排列的概率又是多少呢？

如果能把每一种排列的概率算出来，再加总起来就是整棵树出现的概率了。

孝和假设每一个时间点，每一位戴手环的人都有一样的概率会影响他周围没有戴手环的人。以受影响的顺序按 $A \rightarrow B \rightarrow D$，$A \rightarrow C \rightarrow E$ 排列来说，第一个时间点 A 周围有 4 个可以影响的人，因此影响到 B 的概率是 $\frac{1}{4}$。第二个时间点有 A 与 B 两个点周遭可以被影响的点数高达 6，因此影响到 C 的概率是 $\frac{1}{6}$。依此类推，最后可以得到此排列的概率是 $\frac{1}{4} \times \frac{1}{6} \times \frac{1}{8} \times \frac{1}{10}$。这张图刚好不管怎么算，每个排列的概率都是 $\frac{1}{4} \times \frac{1}{6} \times \frac{1}{8} \times \frac{1}{10}$，因此整棵树的产生概率就是 $(\frac{1}{4} \times \frac{1}{6} \times \frac{1}{8} \times \frac{1}{10}) \times 6$（因为共有 6 种可能的影响顺序）。这个值就是 A 作为风云人物的概率。接着，改成以 B 或其他人为根的树，用同样的方式计算，便能算出其他人是风云人物的概率。

孝和满意地点点头，他现在能靠图论与概率，分析出班上的领导人物了。

"要关门啰。"

校警的声音打断孝和的思路。他抬起头，注意到教室里只剩自己。一算数学就会失去与外界的连接，这是孝和的老毛病。走出教室，校舍被金黄色的夕阳包裹，运球声从篮球场上传来。

那个"篮球男"阿叉一定正在打球吧，孝和这么想的时候，看

见了阿叉弯腰站在前方的校门口。

"我捡到一个皮包哎。"

鼓起的黑色皮夹看起来放了很多东西。

"送去警察局啊。"

"里面的证件上有地址，刚好就在学校附近，皮包掉了，那人一定很紧张，这种情况下送到他家比较好吧？"

"好啊，加油。"

"等等等等，我们不是同学吗？这种情况下你应该说'好啊，我陪你去'。"

哪里有这么多"这种情况下"。孝和原本想拒绝，但思考数学也累了，他也想散步休息一下。

两人一前一后走着，阿叉说："刚转过来一切都还顺利吗？我看你每天都在写作业，没跟什么同学讲话。虽然成绩很重要，但这种情况下——"

"应该多跟同学聊天，对吧。"

孝和抢先一步吐槽，阿叉愣了两秒，两人同时大笑。飘散在空气的生涩被笑声吹散，不知不觉间，两人并肩走着。

"失主一定紧张得要死了，要是我掉皮包的话噢……"

听着阿叉说话，孝和忽然觉得找出风云人物的想法很幼稚。交朋友应该是找善良、跟自己聊得来的人才对吧。眼前这家伙，看起来就跟自己调性很互补，他们应该会成为好朋友。

"应该是这条路右转——"

"你为什么没戴幸运手环啊？"孝和问。

"断掉了。"

"嘎？"

"你不知道吗？戴幸运手环的目的就是要让它断掉啊。戴上去之前要先许愿，等到断掉了，愿望就会实现。"

阿叉得意地继续说："我可是班上第一个戴手环，也是第一个手环断掉的噢。"

后记

站在数学无用论的 另一侧

我曾在德国住过几年。德文对我来说就像克林贡语，
因此我在德国的生活很肤浅，无法深入了解真正的德国。
我看不懂路边的广告牌，无法在买东西结账时跟柜台上的收银员闲话家常，
去市政厅广场在大屏幕上看世足赛，德国队踢进第四个球时，
塑料啤酒杯在空中飞舞，德国人对着我说了一大堆话，
我只能尴尬地耸耸肩跟他说：
"我不会说德文。"
他像搞懂什么似的，拍拍我的肩膀，转头跟别人聊天。
我就像不溶于水的油，在名为德国的水面上漂浮。
我想懂不懂数学，在某种程度上也像这样，
是"能生活"与"活得更有趣"的差异。

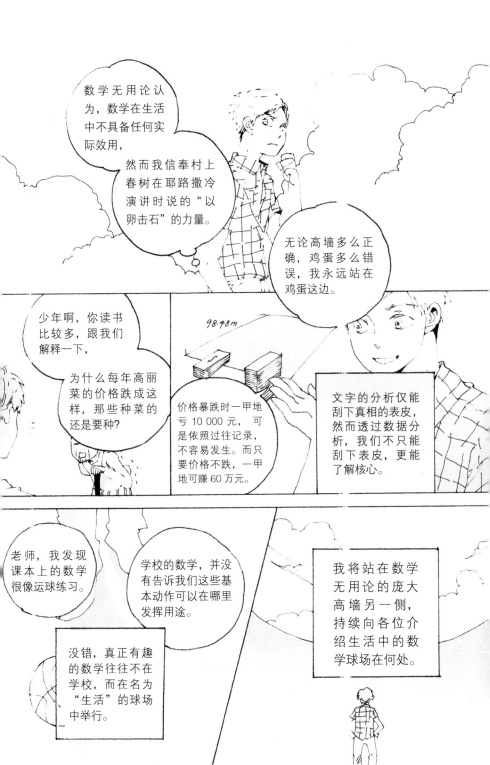

我是个标准的手无缚鸡（新注音选成无腹肌，想想也蛮贴切）之力之人，整日写文章，做研究。这样的日常生活自然跟螺丝起子没有什么关系。

不过，前几天我买了一组宜家的桌子，为了组装，只好再去买了把螺丝起子。

因为从来没用过螺丝起子，常一个不小心就转坏了螺丝。花上比别人多了好几倍的时间，才勉强装好桌子。晚上买夜宵经过巷口的土地公，还祈祷了一番，希望桌子在少了几个螺丝的情况下，还能好好用上个几年。

"干吗不跟我借电动起子？超好用的哎。"

热衷 DIY 的友人事后这么对我说，过了几秒他才意识到，我连什么是电动起子都不知道。

上述这段话乍听之下有点儿扯，但倘若把"宜家桌子"换成"投资基金"，"螺丝起子"换成"数学"：

我的日常生活跟数学没什么关系，前几天我买了一组投资基金，那时候我才去研究数学……

我想，应该就会有不少人产生共鸣吧。

数学无用论

数学无用论 [专有名词]

认为数学在生活中既不具备任何实际效用，也无法陶冶性情，纯粹只有考试、让人心情不好，以及在他人面前表现的效果。数学作为安眠药，倒是没有任何副作用。

数学无用论的支持者相当多，如果登记社团法人，恐怕不亚于任何宗教团体，做个"数学无用大觉者"绝对有挤进 PChome 热卖商品首页的实力。

然而，我信奉村上春树在耶路撒冷的演讲：

"以卵击石，在高大坚硬的墙和鸡蛋之间，我永远站在鸡蛋那方。"

无论高墙多么正确，鸡蛋多么错误，我永远站在鸡蛋这边。

我站在鸡蛋那边，我认为数学有用。

以下是我的"数学有用论"辩答词，保证没有一行公式，不具备催眠效果。

德文无用论

首先，我认为或许是因为人们从小到大接受的数学教育过于残酷与无趣，导致许多人在潜意识里对数学产生偏见：

去菜市场买菜，又不会用到开方。

这话没错。但仔细想想，去菜市场买菜会用到哪些能力？

辨别伪币、蔬菜知识、说出"多少钱"（进阶一点是抱怨"太贵了吧"）的语文能力、提塑料袋的力气……鲜有跟课堂上教的数学知识有关。

我曾在德国住过几年。刚去时，德文对我来说就像克林贡语，但我依然可以去超市买菜，只要用手指、点头、摇头就够了，搭配微笑跟皱眉是进阶技能（身为男生，这些技巧也不太管用）。

但总不能因此就下结论"在德国生活不需要懂德文"吧？

可以噢，真的不需要。

事实上，一直到最后我还是不大会讲德文，非常惭愧，可是我的确在德国生活、学习了好几年，还去了很多地方旅游，买了便宜的 Rimowa 牌行李箱。

可事后想想，我总觉得自己在德国的生活很肤浅，无法深入了

解真正的德国。我看不懂路边的广告牌，无法在买东西结账时跟柜台上的收银员闲话家常。我就像不溶于水的油，在名为德国的水面上漂浮。我去市政厅广场跟市民一起在大屏幕上看世界杯足球赛，当德国队踢进第四个球时，塑料啤酒杯在空中飞舞，旁边的德国人对着我大笑，说了一大堆话，我只能尴尬地耸耸肩跟他说：

"我不会说德文。"

他像搞懂什么似的，拍拍我的肩膀，转头跟别人聊天。

我想懂不懂数学，在某种程度上也像这样，是"能生活"与"活得更有趣"的差异。

数学有用论

回到菜市场的例子，买菜的确只需要加减乘除，但你记得时有所闻的菜价暴跌新闻吗？想象一下，假如此刻在市场，卖菜的阿伯问你：

"少年啊，你读书比较多，跟我们解释一下，为什么每年高丽菜的价格跌成这样，那些种菜的也没学到教训，菜卖不出去，还种那么多干吗？"

各位会怎么回答呢？

"嗯，明明知道会亏钱，却还持续种植，可能是因为只会种高丽菜吧。或者，可能想赌一把，要是价格不跌就会赚。"

不靠数学辅助的回答，大概只能是这样。

前阵子有一篇文章，通过数据分析，清楚看到一甲[①]地的栽种成本为 80 000 元左右。要是价格暴跌，菜直接放到烂，运气好的人

①甲，台湾地区土地面积单位，一甲地约为 9699 平方米，约 14.5 亩。——编者注

拿到政府补助，一甲地只亏 10 000 元。只要一千克 6 元，收入即可抵销栽种＋采收＋运输的成本。超过 6 元便能赚钱。作者又列出 2009～2014 年的高丽菜价，大部分时候，高丽菜都可以超过这个价钱。

有了数据辅助后，你就可以回答：

"价格暴跌时，一甲地亏 10 000 元，可是依照过往记录，这种情况不容易发生。而只要价格不跌，一甲地可以赚上 60 万元。只要资金周转得过来，期望值大于 0，与其说是赌注，应该称为投资比较恰当。暴跌不过就是投资失败罢了。"

两相比较，文字的分析仅能触及真相的表皮。透过数学，分析才能潜入真相内部，更加接近核心。

当然，虔诚的数学无用论者恐怕不会就此被说服。

学校里的数学教育是无趣的基本动作训练

虔诚数学无用论者可能会说：

"这是比例问题。数学荼毒了几代人，害死了数亿脑细胞，计算纸浪费的树木多到都要被环保联盟讨伐了。现在你只说它是一门'没有没关系、但有可以更美好的学问'，这玩笑未免也开得太大了吧。"

"精确""严谨"是数学的本质，也是导致学习困难、数学课讨人厌的关键因素。这是无法避免、但可以改善的，因为学校的数学课本只是一本"工具使用手册"。

"老师，我发现课本里的数学很像运球练习。"

"运球？"

听到超展开的内容，云方反应不过来。阿叉边说边拍起脚边的篮球："运球、传球、三步上篮。解方程式、求角度、算最大值，课

本都在讲这些基本动作。我不是说基本动作不重要啦，只是练习基本动作很无聊啊，像那个谁就超不爱的。"

——《超展开数学教室》

学校里的数学教育，往往没有告诉我们这些数学能力可以在哪里发挥作用。考试，说穿了也只是测验基本动作，依然不是可以打比赛的球场。

真正有趣的球赛是在名为"生活"的球场中进行的。

排斥数学 vs. 用手转螺丝

回到一开始的例子，如果一直教螺丝起子的用法，完全不讲螺丝起子何时可以派上用场，任谁也都会无聊到想拿螺丝起子戳老师额头吧（好危险）。但如果知道要组装宜家的桌子，得旋上一百个螺丝——

"使用螺丝起子是有技巧的，这样做会比较省力噢。偷偷告诉你，其实还有更厉害的——电动起子噢。"

任谁都会想多了解一下了吧。

坚信数学无用论的人，或许会先入为主地拒绝了解螺丝起子该怎么用，浑然不知电动起子的存在。更糟糕的是，他恐怕连螺丝起子都没用上，只用手转螺丝，然后埋怨着宜家到底是在卖家具还是在卖指力训练工具。

因此，与其坚信数学无用论，不如稍微调整一下：

"数学有用，只是当下的学校教育还没告诉我们数学该用在哪里。"

我将站在数学无用论的庞大高墙另一侧，持续向各位介绍生活中的数学球场在何处。

站在巨人的肩上
Standing on the Shoulders of Giants

站在巨人的肩上

Standing on the Shoulders of Giants